CATALOGUE

ALPHABÉTIQUE

DES

ARBRES ET ARBRISSEAUX.

CATALOGUE

ALPHABÉTIQUE

DES ARBRES

ET ARBRISSEAUX,

Qui croissent naturellement dans les Etats-Unis de l'Amérique Septentrionale, arrangés selon le Systême de LINNÉ ; contenant les caractères particuliers qui distinguent les genres auxquels ils sont rapportés , avec des Descriptions claires & familières de leur manière de croître , de leur forme extérieure , &c. , & leurs différentes espèces & variétés : on y fait aussi mention de leurs usages en Médecine , & de leur emploi dans les teintures & l'économie domestique.

TRADUIT de l'Anglois , de M. HUMPHRY MARSHALL, avec des Notes & Observations sur la culture ; par M. LÉZERMES , Adjoint à la Direction des Pépinières du Roi.

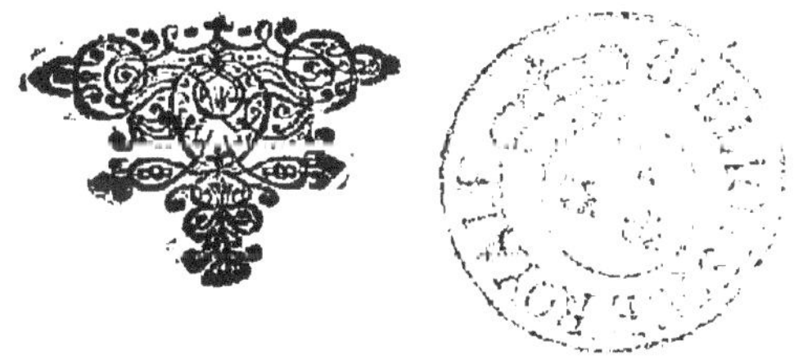

A PARIS,

Chez CUCHET, Libraire , rue & hôtel Serpente.

M. DCC. LXXXVIII.

A

MONSIÉUR LE CÓMTE

DE LA BILLARDERIE

D'ANGIVILLER,

Conseiller du Roi en ses Conseils, Mestre de Camp de Cavalerie, Chevalier de l'Ordre Royal & Militaire de Saint-Louis, Commandeur de l'Ordre de Saint-Lazare, ancien Gentilhomme de la manche des Enfans de France, de l'Académie Royale des Sciences, Directeur & Ordonnateur général des Bâtimens du Roi, Arts, Académies & Manufactures Royales, & Gouverneur de Rambouillet.

Monsieur le Comte,

Les obligations que le règne

végétal vous a en France , font connues de tous ceux qui aiment , & qui cultivent la Botanique. C'eſt à vos ſoins que ſont dues les nombreuſes eſpèces d'Arbres utiles & curieux dont elle s'enrichit chaque jour , & qui , tranſportés de l'Amérique Sep-tentrionale , commencent à ſe multi-plier , tant dans les Pépinieres du Roi , que dans les nouvelles Plan-tations de Rambouillet , & ſous les yeux de Sa Majeſté.

J'ai penſé ne pouvoir faire mieux que de mettre au jour , ſous vos auſpices , la traduction d'un Ou-vrage , qui a pour objet de les faire connoître , & d'en enſeigner la culture. Je ſerai infiniment flatté ſi vous voulez bien agréer cet hom-

mage de mon travail, & de ma recon-
noiſſance.

Je ſuis, avec un profond reſpect,

MONSIEUR LE COMTE,

Votre très-humble
& très-obéiſſant
ſerviteur,

LEZERMES.

A V I S.

M. Humphry Marshall, du Comté de Chefter en Penfylvanie, annonce que l'on trouvera à fe pourvoir chez lui, à un prix raifonnable, de toutes les graines & plants d'Arbres & Arbriffeaux qui croiffent dans les Etats-Unis. On aura foin d'adreffer les commiffions au Docteur Thomas Parke, à Philadelphie, qui les lui fera paffer.

Nota. Nous favons que plufieurs Particuliers ont déja reçus des envois d'arbres & de graines, expédiés par M. *Marshall*, & qu'ils en ont été très-fatisfaits.

AVERTISSEMENT

DU TRADUCTEUR.

LE goût prefque général pour les plantations , & l'utilité que doit néceffairement
procurer une connoiffance plus étendue
des Arbres & Arbriffeaux de l'Amérique
feptentrionale , m'ont déterminé à donner
au public la traduction du Catalogue de
M. Marshall. On y trouvera des efpèces
nouvelles & vraiment intéreffantes. Les
amateurs feront à même d'y faire un choix
des plus utiles & des plus agréables ; de
diftinguer les arbres de pure curiofité, d'a-
vec les grands arbres , qui préfentent un
avantage réel , & qui par-là , méritent la
préférence dans les plantations qu'ils voudront faire.

M. Marshall n'ayant pas toujours indiqué
le fol & l'expofition qui conviennent à chacune des efpèces, j'ai tâché d'y fuppléer ;
j'ai de plus ajouté un précis de leur culture,
& le moyen le plus expéditif de les repro-
duire , en m'étendant toutefois davantage
fur les arbres d'une utilité réelle , tels que
les pins, les chênes , &c. Avec ces lumiè-
res aidées d'un peu d'intelligence , tout le
monde fera en état de diriger les travaux

d'une pépinière ou d'une plantation. J'ai aussi indiqué les espèces de graines qui restent plus d'un an à lever ; car, à défaut de cette connoissance, beaucoup de cultivateurs renversent & détruisent, dès la seconde année, des femis précieux, qui auroient réussi fans cette précipitation.

La terre de bruyere est celle que j'indique le plus souvent, comme la plus analogue au terrain de l'Amérique septentrionale, qui en général, est léger, tourbeux & très-humide. Il en est peu qui puisse en tenir lieu ; c'est fur-tout la plus précieuse pour les femis : après elle, il faut préférer une terre fabloneuse, très-déliée & fraîche.

Le plus grand nombre des espèces décrites dans l'Ouvrage de M. Marshall, est rapporté à la nomenclature de Linné. Celles pour lesquelles il n'y a point de doute, font marquées ainsi, LINN. J'ai défigné, par les trois lettres H. R. P., celles que l'on démontre fous ces noms au Jardin du Roi. J'ait fait aussi mention de quelques-unes nommées par différens Auteurs ; ce qui réduit, à un petit nombre, les arbres qui nous font inconnus.

INTRODUCTION.

Quand nous confidérons le monde en général, & tout ce qui eft néceffaire pour rendre la vie douce & agréable, nous fommes obligés de convenir, que le règne végétal joue le premier rôle : c'eft lui principalement qui nous procure les néceffités, les commodités, & les agréables fuperfluités de la vie. C'eft dans cette vue que la Botanique, ou cette branche de l'Hiftoire Naturelle, qui nous apprend à connoître exactement les végétaux, & à les employer de la manière la plus utile, eft regardée comme une fcience, qui non-feulement mérite l'attention de quiconque a l'ame honnête & patriotique, mais qui devroit encore être mife au rang des études, & des occupations les plus importantes. On ne peut nier que cette vérité ne doive attirer l'attention de tous les hommes en général, & qu'elle mérite particulièrement celle des habitans de cette République : c'eft ce que l'Auteur fe propofe de rendre plus fenfible.

Les Commerçans favent très-bien les dépenfes énormes que nous fommes obligés de faire, pour tirer de l'étranger les *thés*, les *épicéries*, les *teintures* pour les

étoffes , &c. La diminution de cette dé-
penſe devroit intéreſſer , & occuper tous
ceux qui aiment la proſpérité de leur pays.
Nous penſons que les moyens les plus ſûrs
pour obtenir cette fin déſirable , dépendent
d'une attention particulière donnée à la culture & à la Botanique. Ces moyens ſont :

1°. *La culture & l'importation des Plantes étrangères utiles*.

L'étendue de notre territoire , les différentes températures qui y règnent , la diver-
ſité de ſol & de ſituation qu'il préſente , ne
nous laiſſent aucun doute que nous ne puiſ-
ſions y apporter , & y cultiver avec avantage,
pluſieurs des articles , dont l'importation
nous coûte aujourd'hui des ſommes conſidérables.

Le *thé vert* & le *thé bou* étoient regardés
autrefois comme deux eſpèces différentes ;
mais on ne les conſidère maintenant , que
comme une ſeule eſpèce (1). Ils ſont un
des principaux canaux , par où s'écoulent
ce que nous avons de richeſſe. Nous pouvons recevoir ces Plantes des pays d'où elles

---

(1) M. Marshall n'auroit pas dû confondre ces deux
eſpèces , qui ſont d'autant plus diſtinctes , que la fleur du
thé vert a neuf pétales , & que celle du *the bou*, n'en a que
ſix ; d'ailleurs , dans tous les Auteurs , on les trouve bien
caractériſées , ſous leurs noms ſpécifiques de *thé vert* &
de *thé bou*.

font originaires ; ou même d'Europe, où elles font devenues affez communes.

L'avantage de nous trouver dans le même parallèle de latitude, où elles croiffent fpontanément, & d'autres confidérations tirées de leur hiftoire naturelle, nous donnent toutes fortes de raifons de croire, qu'elles réuffiront très-bien dans nos Provinces du Sud. Sous le même point de vue, la *vigne*, l'*amandier*, le *figuier*, la *réglisse*, la *garance* & la *rhubarbe*, font bien dignes de notre attention. L'on pourroit compter beaucoup d'autres Plantes étrangères utiles (1), dont l'importation, la multiplication & la culture procureroient à notre République des avantages, qui fe préfentent affez d'eux-mêmes à l'efprit.

2°. *La découverte des qualités & ufages des productions végétales de notre fol, & leur application aux objets les plus importans.*

L'étendue confidérable de bonne terre, qui refte inculte dans notre territoire, nous offre, & nous promet les avantages les plus précieux. Si nous pouvions découvrir une Plante d'un ufage auffi général que la *patate*, le *tabac* & le *ginfeng*, ou qui pût

____

(1) Voyez les Tranfactions de la Société Philofophique Américaine, vol. 1. p. 155.

remplacer le *thé*, le *café* & le *quinquina*, ce feroit acquérir des richeffes inapréciables. Il eft vrai que nous pouvons, par une longue expérience, & même par le hafard, faire plufieurs découvertes utiles, quant aux vertus médicinales des Plantes ; mais ce n'eft que par nos obfervations & nos recherches, dirigées, & fondées fur la connoiffance de la Botanique, que nous pouvons efpérer des fuccès affurés. Les écrits du célèbre Linné établiffent fuffifamment ce principe général ; que les Plantes qui ont les mêmes rapports, & qui fe reffemblent par la difpofition des fleurs & des fruits, ont auffi des vertus & des propriétés femblables. Cette obfervation nous porte à conclure d'une manière pofitive, que plus nous nous inftruirons fur les caractères & le port des Plantes, plus auffi nous connoîtrons à fonds leurs vertus, leurs qualités internes, & leurs ufages.

L'importance du fujet eft caufe qu'on s'en eft occupé foigneufement, profondément & long-tems. C'eft d'après ces confidérations, & l'idée de rendre la connoiffance des Plantes plus familière & plus aifée, que l'Auteur s'eft déterminé à rédiger le Catalogue des Arbres & Arbriffeaux qui croiffent naturellement dans les Etats-Unis. On y trouvera ceux dont il eſt fait mention dans les meilleurs Auteurs, ou qui ont été découverts, depuis peu, par des voyageurs éclairés.

Ce Catalogue contient les noms triviaux & génériques de Linné, & quelques-uns nouveaux, donnés aux Plantes qui n'en avoient point; de plus, les noms Anglois les plus généralement reçus; les caractères particuliers qui diſtinguent chaque genre; une deſcription ſimple & familière de la Plante; ſa manière de croître, & ſes différentes eſpèces & variétes. J'ai fait auſſi quelques mentions du terrein & de la poſition où elles croiſſent naturellement, de leur emploi dans la médecine, la teinture & l'économie domeſtique.

Comme les termes particuliers à la ſcience ſe préſentent fréquemment, & ſans qu'on puiſſe l'éviter, on a jugé néceſſaire, afin de rendre l'ouvrage plus utile & plus complet, de donner d'abord une explication générale du ſyſtême de Linné, & celle des termes ſcientifiques, utiles & inévitables. L'Auteur a conſulté à cet effet, les meilleurs Écrivains : le tout forme un *Botanicum*, qu'il eſt aiſé de porter par-tout avec ſoi.

Ce Catalogue offrira d'un coup d'œil à à mes compatriotes, une deſcription abrégée des Arbres & Arbriſſeaux qui

croiffent dans leur bois , & qui ont été découverts jufqu'à préfent. Ceux qui ont du
goût pour cette fcience pleine d'agrément , peuvent, au moyen d'un peu d'application , acquérir affez de connoiffances,
pour claffer , non-feulement ces mêmes arbriffeaux , mais encore toutes les Plantes
herbacées.

L'étranger , curieux des collections
d'arbres d'Amérique , fera , par ce moyen,
en état d'en faire le choix qu'il lui plaira.
S'il defire fe procurer des bois de charpente
pour l'ufage économique , il pourra connoître les arbres foreftiers dont nous faifons cas ; ainfi que nos différens arbriffeaux
à fleurs ou de décoration , dont il voudra
orner fa plantation ou fon jardin.

L'Auteur auroit defiré pouvoir donner
auffi un Catalogue de nos Plantes herbacées ; mais les circonftances l'obligent
maintenant de fe borner à celui des Arbres
& Arbriffeaux. Il fe propofe cependant
d'entreprendre cet Ouvrage , s'il y eft en-
couragé par le public. Il n'ignore pas qu'il
auroit été poffible de rendre la forme de
fes defcriptions bien plus fatisfaifantes , &
d'y ajouter même des fynonimies, des notes de renvois , &c. ; mais il a penfé que
le plus grand nombre des lecteurs , auroit
été plus embarraffé qu'éclairé par ce moyen ;

c'eſt ce qui l'a déterminé à employer le langage le plus ſimple & la méthode la plus facile, afin de rendre cet Ouvrage auſſi généralement utile qu'il peut l'être ; cette utilité formant le but & l'objet principal de ſon entrepriſe.

APPERÇU

Des vingt-quatre Classes du SYSTÊME SEXUEL DE LINNÉ, avec leurs noms & Caractères, ainsi que le nombre & l'explication des ordres contenus dans chacune d'elles.

Nombre des Classes.	Leurs noms & caractères.	Nomb. des Ordres dans chaque Classe.	Leurs noms exprimés par le nombre des parties femelles ou styles.	Nombre.
1.	MONANDRIE. Une étamine fertile, portant l'anthère.	2	1. Monogynie.	1
			2. Digynie.	2
2.	DIANDRIE. Deux étamines fertiles, ou parties mâles.	3	1. Monogynie.	1
			2. Digynie.	2
			3. Trigynie.	3
3.	TRIANDRIE. Trois étamines.	3	1. Monogynie.	1
			2. Digynie.	2
			3. Trigynie.	3
4.	TÉTRANDRIE. Quatre étamines, de même longueur, ce qui la distingue de la quatorzième classe.	3	1. Monogynie.	1
			2. Digynie.	2
			3. Tétragynie.	4
5.	PENTANDRIE. Cinq étamines.	6	1. Monogynie.	1
			2. Digynie.	2
			3. Trigynie.	3
			4. Tétraginie.	4
			5. Pentagynie.	5
			6. Polygynie.	
6.	HEXANDRIE. Six étamines, de même longueur ; ce qui la distingue de la quinzième classe.	5	1. Monogynie.	1
			2. Digynie.	2
			3. Trigynie.	3
			4. Tétragynie.	4
			5. Polygynie.	
7.	HEPTANDRIE. Sept étamines.	4	1. Monogynie.	1
			2. Digynie.	2
			3. Tétragynie.	4
			4. Heptagynie.	7

Nombre des Classes.	Leurs noms & caractères.	Nomb. des Ordres dans chaque Classe.	Leurs noms exprimés par le nombre des parties femelles ou styles.	Planches.
8. OCTANDRIE.	Huit étamines.		1. Monogynie.	1
			2. Digynie.	2
			3. Trigynie.	3
			4. Tétragynie.	4
9. ENNÉANDRIE.	Neuf étamines.	3	1. Monogynie.	1
			2. Trigynie.	3
			3. Hexagynie.	6
10. DÉCANDRIE.	Dix étamines.	5	1. Monogynie.	1
			2. Digynie.	2
			3. Trigynie.	3
			4. Pentagynie.	5
			5. Décagynie.	10
11. DODÉCANDRIE.	Depuis onze, jusqu'à dix-neuf étamines.	6	1. Monogynie.	1
			2. Digynie.	2
			3. Trigynie.	3
			4. Pentagynie.	5
			5. Octagynie.	8
			6. Dodécagynie.	12
12. ICOSANDRIE.	Vingt étamines, & plus (quelquefois moins), insérées sur le calice, & non sur le réceptacle. Corolle portée sur un calice d'une pièce.	5	1. Monogynie.	1
			2. Digynie.	2
			3. Trigynie.	3
			4. Pentagynie.	5
			5. Polygynie.	
13. POLYANDRIE.	Depuis vingt étamines, jusqu'à mille, insérées sur le réceptacle.	7	1. Monogynie.	1
			2. Digynie.	2
			3. Trigynie.	3
			4. Tétragynie.	4
			5. Pentagynie.	5
			6. Hexagynie.	6
			6. Polygynie.	

Leurs noms tirés de la disposition de leurs semences.

Nombre des Classes.	Leurs noms & caractères.	Nomb. des Ordres dans chaque Classe.	Leurs noms tirés de la disposition de leurs semences.
14. DIDYNAMIE.	Quatre étamines, dont deux petites, & deux grandes, un style & une corolle irrégulière.	2	1. Gymnospermie, semences nues au fond du calice. 2. Angiospermie, graines renfermées dans une capsule.

Nombre des Classes.	Leurs noms & caractères.	Nomb. des Ordres dans chaque Classe.	Leurs noms exprimés par la nombre des parties femelles ou styles.	Nombre.

15. TÉTRADYNAMIE. Six étamines, dont quatre grandes, & deux petites opposées. Quatre pétales. } 2 { 1. Siliculeuses, semences renfermées dans une silicule. 2. Siliqueuses, semences renfermées dans une silique.

Leurs noms exprimés par le nombre des parties mâles ou étamines.

16. MONADELPHIE. Calice persistant, souvent double ; plusieurs étamines, réunies par leurs filets, en un corps.

} 5 {

1. Pentandrie.	5
2. Décandrie.	10
3. Endécandrie.	11
4. Dodécandrie.	12
5. Polyandrie.	o

17. DIADELPHIE. Plusieurs étamines, réunies par leurs filets, en deux corps. L'un composé d'une étamine, l'autre de neuf. Calice, une pièce en cloche. Corolle, toûjours papillonacée & irrégulière.

} 4 {

1. Pentandrie.	5
2. Hexandrie.	6
3. Octandrie.	8
4. Décandrie.	10

18. POLYADELPHIE. Plusieurs étamines, réunies par leurs filets, en trois, ou en plusieurs corps.

} 4 {

1. Pentandrie.	5
2. Dodécandrie.	12
3. Icosandrie.	20
4. Polyandrie.	

Nombr. des Classes.	Leurs noms. & caractères.	Nombr. des Ordres dans chaque Classe.	Leurs nombres exprimés par le nombre des parties mâles ou étamines.	Nombre
19.	SYNGÉNÉSIE. Étamines réunies par leurs anthères, rarement par leurs filets, en forme de cylindre.	6	1. Polygamie égale; fleurons tous hermaphrodites. 2. Polygamie superflue; fleurons hermaphrodites dans le centre, & femelles dans la circonférence. 3. Polygamie fausse; fleurons hermaphrodites dans le centre, & stériles à la circonférence. 4. Polygamie nécessaire; fleurons hermaphrodites, stériles dans le centre, & femelles fécondes à la circonférence. 5. Polygamie séparée; fleurons séparés dans des calices propres, & réunis dans un calice commun. 6. Monogamie. Fleurs, qui sans être composées de fleurons ni de demi fleurons, ont leurs étamines réunies en cylindre par leurs anthères.	
20.	GYNANDRIE. Plusieurs étamines, réunies & attachées au pistil, sans adhérer au réceptacle.	7	1. Diandrie. . . . . 2 2. Triandrie. . . . . 3 3. Tétrandrie. . . 4 4. Pentandrie. . . 5 5. Hexandrie. . . 6 6. Décandrie. . . 10 7. Polyandrie. . .	

Nombre des Classes.	Leurs noms & caractères.	Nombr. des Ordres dans chaque Classe.	Leurs noms exprimés par le nombre des parties mâles ou étamines.	Nombre.
21. MONOÉCIE. Fleurs mâles & fémelles séparées sur le même individu.		11	1. Monandrie. . . 1 2. Diandrie. . . . 2 3. Triandrie. . . . 3 4. Tétrandrie. . . 4 5. Pentandrie. . . 5 6. Hexandrie. . . 6 7. Heptandrie. . . 7 8. Polyandrie. . . 9. Monadelphie ; filets des étamines réunis. 10. Syngénésie ; anthères réunis. 11. Gynandrie ; étamines attachées au pistil.	
22. DIOÉCIE. Fleurs mâles & fleurs femelles sur des individus différens.		14	1. Monandrie. . . 1 2. Diandrie. . . . 2 3. Triandrie. . . . 3 4. Tétrandrie. . . 4 5. Pentandrie. . . 5 6. Hexandrie. . . 6 7. Octandrie. . . 8 8. Ennéandrie. . . 9 9. Décandrie. . . 10 10. Dodécandrie. . 12 11. Polyandrie. . . 12. Monadelphie ; filets des étamines réunis. 13. Syngénésie ; anthères réunis. 14. Gynandrie ; éramines attachées au pistil.	
23. POLYGAMIE Étamines & pistils dans des fleurs différentes, sur différens pieds, ou sur le même, avec des fleurs hermaphrodites.		3	1. Monoécie ; fleurs mâles & fleurs femelles séparées sur le même individu. 2. Dioécie ; fleurs mâles & fleurs femelles sur des plantes différentes. 3. Trioécie ; fleurs mâles, femelles & hermaphrodites, sur trois individus de la même espèce.	

Nombre des Classes.	Leurs noms & caractères.	Nombr. des Ordres dans chaque Classe.	Leurs noms exprimés par le nombre des parties mâles ou étamines.
24. CRYPTOGAMIE. Fleurs cachées, ou que l'on ne sauroit voir que très-indistinctement.		4	1. Les fougères. 2. Les mousses. 3. Les algues. 4. Les champignons.

Nota. Les Palmiers ont été ajoutés, par forme de supplément aux derniers Ouvrages ; mais, comme ils ne sont point originaires de nos États (1), & que leur fructification n'est connue que très-imparfaitement, on n'en a pas fait mention.

____

(1) On trouve, dans la Caroline du Sud, plusieurs espèces de Palmiers, entr'autres, une, qui a été nommée *Sabal Caroliniana*, par M. Adanson, & qui est démontrée sous ce nom au Jardin du Roi.

IL paroît, par la méthode précédente, que les noms & les caractères des vingt-quatre Claſſes, ſont fondés chacun ſur le nombre, l'inſertion, l'égalité, la réunion, la ſituation, ou l'abſence des organes mâles ou étamines.

Les onze premières Claſſes, depuis la Monandrie juſqu'à la Dodécandrie, ſont fondées ſeulément ſur le nombre des étamines.

L'Icoſandrie & la Polyandrie, ſur le nombre & l'inſertion.

La Didynamie & la Tétradynamie, ſur le nombre & l'égalité.

La Monadelphie, Diadelphie, Polyadelphie & Syngénéſie, ſur la réunion.

La Gynandrie, ſur l'inſertion ſeulement.

La Monoécie, Dioécie & Polygamie, ſur la ſituation.

La Cryptogamie, ſur l'abſence.

EXPLICATION

Des différentes parties de la Fructification.

La fructification eſt cette partie des végétaux, dont l'objet eſt de ſervir, pendant un certain tems, à la génération ; c'eſt elle qui termine les anciens végétaux, & qui commence les nouveaux. Ses parties ſont au nombre de ſept ; ſavoir:

1. Le calice.
2. La corolle.
3. L'étamine.
4. Le piſtil.
5. Le péricarpe.
6. La ſemence.
7. Le réceptacle, qui ſert comme de ſupport à toutes les autres parties de la fructification.

I. Le calice, qui n'eſt autre choſe que le prolongement de l'écorce extérieure de la plante, comprend les ſept eſpèces ſuivantes ; ſavoir : Le *périanthe*, l'*involucre*, le *chaton*, le *ſpathe*, la *bale*, la *coëffe* & la *bourſe*.

1. Le *périanthe* eſt le calice proprement dit ; il eſt deſtiné à protéger les autres parties de la fructification. S'il renferme les étamines & le germe, on l'appelle le *calice de la fructification* ; s'il renferme les étamines & non le germe, le *calice de la fleur* ; enfin, s'il renferme le germe & non les étamines, le *calice du fruit*.

2. L'*involucre* eſt ſituée à la baſe de l'ombelle, à quelque diſtance de la fleur. On l'appelle *involucre univerſelle*, ſi elle eſt placée à la baſe de l'ombelle univerſelle ; & *involucre partielle*, ſi elle l'eſt à la baſe de l'ombelle partielle.

3. Le *chaton* eſt une eſpèce d'axe ou de filet, entouré, dans toute ſa longueur, d'un amas de petites fleurs, & garni d'écailles, comme dans le ſaule, le noiſetier, &c.

4. Le *spathe* eft une gaîne membraneufe, qui s'ouvre longitudinalement , & dont l'office eft de renfermer une ou plufieurs fleurs, comme dans le *narciffe*, l'a*rum*, &c.

5. La *bale* eft la partie qui tient lieu de calice & de corolle dans toutes les graminées ; elle eft compofée d'écailles , terminées, le plus fouvent , par une arête ou barbe.

6. La *coëffe* eft un calice particulier aux mouffes ; elle eft placée fur les anthères : fa forme eft celle d'un capuchon de moine , ou plutôt d'un éteignoir.

7. La *bourfe* eft le nom que l'on donne à l'envéloppe radicale de toutes les efpèces de champignons.

II. La *corolle* eft l'envéloppe immédiate des parties fexuelles : on peut la regarder comme formée par le prolongement du *liber*.

La corolle eft *monopétale*, lorfqu'elle eft formée d'une pièce ; c'eft-à-dire , lorfque les divifions, s'il y en a, ne font point prolongées jufqu'à fa bafe. Les différentes formes qu'elle affecte , lui ont fait donner les noms fuivans :

Campanulée, lorfqu'elle a la forme d'une cloche.

Infundibuliforme, lorfqu'elle reffemble à un entonnoir ; c'eft-à-dire, lorfqu'elle eft conique à fa partie fupérieure , & terminée inférieurement par un tube.

Tubulée, lorfqu'elle fe termine par un tuyau un peu allongé , qu'on nomme *tube*.

Hyppocratériforme, ou en foucoupe, lorfqu'elle s'évafe fupérieurement , & qu'elle fe termine par un tube.

En roue, lorfqu'elle eft très-applatie fupérieurement , & qu'elle n'a point de tube bien fenfible.

En maffue, ou labiée, lorfqu'elle eft irrégulière, & que fon limbe forme deux lèvres.

La corolle eft *polypétale*, lorfqu'elle eft compofée de plufieurs pièces ; c'eft-à-dire, lorfque les divifions, prolongées jufqu'à fa bafe, peuvent être détachées du lieu de leur infertion, fans déchirer la corolle. On a donné le nom de *limbe*, au bord fupérieur de la corolle ou des pétales. La partie inférieure de chaque pièce d'une corolle polypétale, s'appelle *onglet* ; & on nomme *lame*, la partie fupérieure , ou l'épaiffiffement de chaque pétale.

Cruciforme, lorfqu'elle eft compofée de quatre pétales égaux , difpofés en croix.

Papillonnacée, lorfque fa forme a quelque rapport à celle d'un papillon , & qu'il y a quatre pétales irrégu-liers. Le fupérieur fe nomme l'*étendard ;* ceux des côtés, les *aîles* , & l'inférieur le *carêne*.

Le *neſtaire* eft le nom que l'on donne à une partie de la corolle ou de la fleur , qui contient un fuc miellux ; il varie fingulièrement, quant à fa forme & à fon infer-tion. Quelquefois il eft uni aux pétales , & d'autrefois il en eft féparé.

III. L'*étamine* eft deftinée à la préparation de la pouffière fécondante : on y diftingue trois parties ; favoir : Le filet , l'anthère & la pouffière fécondante.

1. Le *filet* eft une efpèce de fupport délicat , qui fert à porter l'anthère.

2. L'*anthère* eft cette efpèce de petite bourfe , qui eft fup-portée par le filet.

3. Dans l'anthère , eft renfermée cette poudre fine, qu'on appelle *pouffière fécondante* , laquelle, après avoir ac-quis un certain degré de perfection , s'échappe , & tombe fur le ftigmate du piftil , ou organe femelle.

IV. Le *piftil* eft adhérant au fruit , & deftiné à recevoir la pouffière fécondante ; il eft ordinairement compofé de trois parties, qui font, le *germe* ou *ovaire*, le *ſtyle* & le *ſtigmate*.

1. Le *germe* ou *ovaire* , eft la partie inférieure du piftil ; il renferme les embryons des femences avant leur ma-turité.

2. Le *ſtyle* eft la partie du piftil qui furmonte le germe : c'eft une efpèce de tuyau fiftuleux , plus ou moins alongé.

3. Le *ſtigmate* eft la partie fupérieure du piftil ; c'eft lui qui reçoit la partie fécondante qui s'échappe de l'anthère , & la tranfmet à l'ovaire.

V. Le *péricarpe* eft la partie du fruit qui enveloppe les fe-mences : on en diftingue de plufieurs fortes ; favoir, la *capfule* , la *filique* , la *gouffe* ou *légume* , la *follicule* , le *brou* , la *pomme* , la *baie* & le *cône*.

1. La *capfule* eft une enveloppe sèche & creufe , qui ren-ferme les femences ; lorfqu'elle s'ouvre , elle fe divife en une ou plufieurs pièces , que l'on nomme *valves* ou

battans. Les parties intérieures qui divisent la capsule, portent le nom de *cloisons* : on appelle *petite colonne*, la partie qui forme communication des semences avec les cloisons ; & *loge*, l'espace dans lequel sont renfermées les semences.

2. La *silique* est composée de deux panneaux réunis par des sutures longitudinales ; les semences se trouvent fixées à l'une & à l'autre de ces sutures.

3. La *gousse* est formée de deux panneaux, que l'on nomme *cosses*; elle diffère de la silique, en ce que les semences ne sont attachées qu'à une des sutures.

4. La *follicule* est une espèce de péricarpe membraneux, qui s'ouvre longitudinalement d'un seul côté, & auquel les semences ne sont point adhérentes.

5. Le *brou*, ou *le fruit à noyau*, est composé à l'extérieur d'une enveloppe charnue, & intérieurement d'un noyau, qui renferme la semence connue sous le nom d'*amande*.

6. La *pomme*, ou le *fruit à pepin*, est composée d'une pulpe charnue, qui contient une capsule à plusieurs loges.

7. La *baie* est un fruit pulpeux, qui contient des semences nues, sans autre enveloppe que la pulpe.

8. Le *cône* est un composé d'écailles ligneuses, placées les unes sur les autres, en forme de tuiles, & fixées, par leur base, sur un axe commun.

VI. La *semence* est cette partie du fruit qui renferme le principe d'une nouvelle plante : on distingue plusieurs parties ; savoir, la *tunique propre*, qui est l'espèce de membrane ou d'écorce qui enveloppe la semence ; les *lobes* ou *cotyledons*, qui sont deux corps charnus appliqués l'un sur l'autre; la *plantule* ou l'*embryon*, qui est le vrai germe, & comme emboîté dans les cotyledons. On remarque dans celle-ci la *radicule*, qui est le rudiment de la racine ; & la *plumule*, qui est celui de la tige.

VII. Le *réceptacle* est la base sur laquelle reposent immédiatement les autres parties de la fructification ; il se divise en *réceptacle propre*, *réceptacle commun*, & *spadix* ou *poinçon*.

1. Le *réceptacle propre* ne porte que les organes d'une fructification simple. On le nomme *réceptacle de la fructifica-*

tion, lorſqu'il eſt commun à la fleur & au fruit ; *réceptacle de la fleur*, lorſque celle-ci repoſe deſſus, & non ſur le germe ; *réceptacle du fruit*, lorſqu'il lui ſert de baſe, & qu'il eſt éloigné du réceptacle de la fleur ; & *réceptacle des ſemences*, lorſqu'il ſert de baſe à celles qui ſont fixées dans le péricarpe.

2. Le *réceptacle commun* eſt celui qui porte pluſieurs petites fleurs, dont l'aſſemblage forme une fleur compoſée. Tantôt il eſt garni de paillettes, & tantôt il eſt nu.

3. Le *poinçon* (ſpadix), eſt le réceptacle des palmiers ; il eſt toujours rameux. On entend auſſi par *poinçon*, le ſupport des fleurs de toutes les plantes, qui, dans l'origine, étoient renfermées dans un ſpathe. Dans ce dernier cas, il eſt ordinairement ſimple.

EXPLICATION

des différentes dispositions des fleurs & de leurs supports.

LE *pédoncule* est le support des fleurs & des fruits ; on le nomme vulgairement *queue.*

Lorsque le pédoncule est divisé , on donne à chacune de ces divisions , le nom de *petit pédoncule* , ou pédoncule partiel.

Si l'on considère le lieu de l'insertion du pédoncule, on dit qu'il est ,

1. *Radical* , lorsqu'il sort immédiatement de sa racine.

2. *Caulinaire* , lorsqu'il s'insère sur la tige.

3. *Rameal* , lorsqu'il s'insère sur les rameaux.

4. *Axillaire* , lorsqu'il s'insère dans l'angle formé par les feuilles avec la tige , ou par les branches avec la tige.

5. *Terminal* , lorsqu'il termine sa tige ou les rameaux.

6. *Solitaire* , lorsqu'il est seul dans le lieu de son insertion.

7. Les pédoncules sont *épars* , lorsqu'il y en a plusieurs disposés de tous côtés sans ordre.

Ils sont aussi *uniflores* , *biflores* , *triflores* , &c. ; ou *multiflores* , lorsqu'ils supportent une, deux, trois , &c., ou plusieurs fleurs.

Dispositions des fleurs.

1. En *faisceau*, lorsque les pédoncules des fleurs sont droits, parallèles , & réunis en manière de faisceau.

2. En *tête* , lorsqu'elles sont ramassées & disposées en espèces d'épi fort court , plus ou moins alongé.

3. En *épi* , lorsque, presque sessiles , elles sont rassemblées sur un pédoncule commun. Les fleurs unilatérales sont rangées du même côté de la tige ; les fleurs distiques sont disposées sur deux rangs opposés.

4. En *corymbe*, lorfque les pédoncules partent de différens points d'un axe commun , & arrivent tous à la même hauteur.

5. En *panicule*, lorfque les fleurs font difpofées fur des pédoncules, dont les divifions font très-confufes. La panicule eft diffufe, lorfque les pédoncules font tous ouverts & divergens ; elle eft refferrée, lorfque les pédoncules font rapprochés entre eux.

6. En *bouquet*, lorfque les fleurs font difpofées par étage fur un axe commun & droit, comme dans le *lilas*.

7. En *grappe*, lorfque le pédoncule commun a toujours une direction inclinée ou pendante, & que les pédoncules particuliers font d'ailleurs étagés comme dans le bouquet ; ainfi que la *vigne*, les *groffillers*, &c.

Les *grappes* font unilatérales, lorfque les pédoncules propres font tous inférés du même côté, comme dans l'*Andromeda arborea*, & la plupart des autres efpèces.

8. *Verticillées*, lorfqu'elles font difpofées en forme d'anneaux autour de la tige.

9. En *ombelle*, lorfque les pédoncules fe réuniffent tous en un point commun, d'où ils divergent comme les rayons d'un parafol. L'ombelle eft fimple, lorfque les pédoncules ne font pas divifés ; elle eft compofée, lorfque plufieurs pédoncules communs, chargés chacun d'un ombelle fimple, fe réuniffent en un même point. L'enfemble de toutes les parties d'une ombelle compofée, forme l'ombelle univerfelle. On nomme *ombelle partielle*, chacune des petites ombelles.

10. L'*ombelle irrégulière* ou *cyma*, eft celle dont les pédoncules multiflores partent du même point, fe ramifient, & arrivent à-peu-près à la même hauteur.

Le *pétiole* eft cette partie du tronc ou des rameaux des plantes qui foutient les feuilles, mais jamais les fleurs, ni les fruits, & qu'on nomme vulgairement *queue des feuilles*.

Nota. Le lecteur eft prié d'obferver que l'on ne trouve point dans le *Species Plantarum* de Linné, les noms des

espèces sous lesquels elles sont rapportées dans le Catalogue de Bartram ; mais qu'ils sont tirés d'un Catalogue
en feuille, publié par Jacques & Guillaume Battram,
Botanistes à Kingsessing, lequel contient les noms des
Arbres & Arbrisseaux, qui croissent dans leur jardin ou
aux environs.

CATALOGUE

DES

ARBRES ET ARBRISSEAUX

ACER.

ERABLE.

THE MAPLE TREE.

Claſſe 23, Ordre 1. *Polygamie Monœcie.*

Fleurs hermaphrodites & fleurs mâles ſur le même arbre.

* Fleurs hermaphrodites.

Calice. *Périanthe*, une piece, cinq diviſions aiguës, coloré, élargi, entier à ſa baſe , & perſiſtant.

Corolle. *Pétales*, cinq, ovales. plus larges à leurs parties extérieures, obtus, un peu plus grands que le calice, ouverts.

Etamines. *Filets*, huit, en forme d'alêne, courts. *Antheres ſimples. Pouſſiere fécondante*, cruciforme.

Piſtil. *Germe* comprimé, enfoncé dans un *réceptacle* grand, convexe, troué. *Style* filiforme devenant chaque jour plus grand. *Stigmates*, deux, aigus, déliés, réfléchis.

A

Péricarpe. *Capfules* , même nombre que les ftigmates ;
(2 ou 3.), réunies à leur bafe , arrondies , comprimées , chacune terminées par un aile membraneufe
très-grande.

* Fleurs *mâles.*

Calice, corolle, étamines, commedansles hermaphrodites.
Piftil. *Germe* nul. *Style* nul. *Stigmate* bifide.

Obf. Au premier développement de la fleur, on voit un
ftigmate qui devient *ftyle* quelques jours après.

Nota. L'érable à feuilles de frêne a des fleurs mâles &
des fleurs femelles fur des individus féparés (1).

1. A c e r *Penfylvanicum* , Linn. Erable de Penfylvanie. *Penfylvaniam Dwarf Mountain Maple.*

Cet arbre croît naturellement fur les montagnes , dans les derrieres de la Penfylvanie. Ses
tiges minces s'élevent à la hauteur de fix ou
huit pieds , avec des branches oppofées : fes
feuilles ont trois pointes ; elles font dentées fur
leurs bords , oppofées & portées fur de longs
pétioles. Ses fleurs font petites, de couleur herbacée , & difpofées en grappes terminales; il
leur fuccede de petites femences ailées , jointes
enfemble.

2. A c e r *Glaucum.* (2) A c e r *Floridanum* de
quelques Cataloges Anglois , Acer Tomen.
tosa , *Horti Regii,* Erable à feuilles argentées.

The Silver - leaved Maple.

Cet arbre s'éleve ordinairement à la hauteur
de cinquante à foixante pieds, avec des branches

---

(1) On en peut dire autant de l'*érable rouge.*

(2) Cette efpece paroît fe rapporter à celle connue au Jardin du
cRoi , fous le nom d'*érable tomenteux* , de Sir Wager , & à l'*acer floridanum* de quelques Catalogues Anglois ; mais elle differe de l'*érable*

ttès-nombreuses. Ses feuilles ont cinq lobes, un peu dentés irrégulierement en leurs bords ; elles font de couleur argentée à leur partie inférieure, & d'un verd clair à leur partie fupérieure. Ses fleurs viennent en ombelle à la bafe des feuilles; elles font d'une couleur rouge foncé, & remplacées par de grandes femences aîlées, qui tombent de bonne-heure dans l'été : c'eft peut-être l'érable rouge de *Linné.*

3. ACER *Negundo.* LINN. Erable à feuilles de frêne. *The Ash-leaved Maple.*

Cet arbre porte des fleurs mâles & des fleurs femelles fur des pieds féparés ; il ne s'éleve qu'à la hauteur de vingt à trente pieds. Ses feuilles reffemblent un peu à celles du frêne, mais elles n'ont ordinairement que trois ou cinq folioles ovales, un peu pointues & échancrées vers leur extrémité. Les fleurs mâles font raffemblées en grappes fur de longs pédoncules ; les étamines y font au nombre de cinq & plus. Les fleurs femelles fe terminent en longues grappes à l'extrémité des petits rameaux ; elles font auffi portées fur de longs pédoncules Le calice contient un germe comprimé, fans ftyle apparent ; mais on trouve deux ftigmates réfléchis.

4. ACER *Canadenfe,* Erable de Canada, à écorce jafpée. *American ftriped Maple.*

Cet arbre eft d'une grandeur moyenne ; fon

---

rouge en ce qu'elle eft monoïque, tandis que celui-ci eft dioïque : à cela près, il eft aifé de les confondre ; leur port & leur feuillage fe reffemblent beaucoup.

(4)

écorce , particulierement celle des jeunes rameaux , eſt agréablement rayée de blanc. Ses
feuilles ſont diviſées en trois lobes pointus , &
finement dentées. Ses fleurs ſont diſpoſées en
grappes ſolitaires , portées ſur des pédoncules
aſſez courts ; les calices & les pétales ſont fort
grands , & renferment pour l'ordinaire huit
étamines. On trouve deux ſtigmates réfléchis
dans les fleurs hermaphrodites. Les fleurs & les
ſemences ſont d'un jaune verdâtre.

5. A C E R *rubrum.* Linn. (1). Erable rouge. *The
Scarlet flowering Maple.*

Cet arbre devient très-grand dans une bonné
terre. Ses feuilles ont trois lobes , & quelquefois
cinq ; elles ſont dentées en ſcie. Ses fleurs , de
couleur écarlate , ſont diſpoſées en petites ombelles ſeſſiles autour des menues branches. Les
pédoncules des fleurs hermaphrodites ſont très-
longs , rouges , portant chacun deux ſemences
ailées , & à-peu-près de la même couleur. On
trouve une variété de cette eſpece , dont les
fleurs & les graines ſont jaunâtres ; c'eſt, je crois,
la plus commune de celles qui ſe trouvent en
Penſylvanie.

6. A C E R *faccharinum.* Linn. Erable ſucre. *The
Sugar Maple.*

Cet arbre s'éleve à la hauteur de cinquante à
ſoixante pieds, avec un diametre de deux pieds,

---

(1) Cette eſpece eſt certainement *l'érable rouge* de Linné , & doit
conſerver le nom que lui a donné cet Auteur.

quelquefois plus. Ses feuilles reſſemblent un
peu à celles de l'érable à feuilles argentées ;
mais elles ne ſont pas auſſi grandes, ni lobées
ſi profondément, ni même de couleur ſi argentée. Il fleurit comme l'érable rouge, mais ſes
fleurs ſont de couleur herbacée ; il leur ſuccede
des ſemences ailées, grandes & réunies. Les
habitans des parties reculées retirent de ſa feve
un aſſez bon ſucre. L'érable à feuilles argentées
leur ſert pour le même uſage. Quoique ces deux
eſpeces ſoient plus généralement préférées, on
peut néanmoins retirer de tous nos érables un
ſucre paſſablement eſtimé.

Culture. Nous poſſédons à-peu-prés toutes les
eſpèces d'érables connues juſqu'à ce jour ; les
perſonnes qui voudront avoir ceux d'Amérique,
peuvent ſe contenter d'y demander des graines,
qui, pour arriver en bon état, doivent être
renfermées dans des boîtes, & mélées avec du
ſable ou de la terre ſeche. On les ſemera dès
qu'on les aura reçues, ſi toutefois le tems
le permet. Quant aux eſpeces qui ſont natura-
liſées, & dont on eſt à même de récolter
ſoi-même les graines, la ſaiſon la plus favorable
de les mettre en terre, eſt l'automne, peu de
tems après leur maturité. Si cependant on avoit
à craindre les mulots ou autres animaux deſtruc-
teurs, il faudroit attendre le commencement de
Mars ; mais il ſeroit néceſſaire de les ſtratifier
dans des caiſſes avec de la terre, & de les tenir
à l'abri de tous dommages.

Les graines de l'érable rouge ont acquis leur
parfaite maturité vers la fin de Mai : on les ſeme
auſſi-tôt ; peu de tems après elles levent, & le

plant parvient encore avant l'hiver à la hauteur de sept à huit pouces. Cet arbre se plaît dans les terrains sablonneux & humides.

Il est bon d'avertir que pour avoir des graines fécondées de l'érable rouge & de celui à feuilles de frêne , il faut rapprocher les individus mâles des femelles. Les grandes plantations offriront l'avantage de réunir des arbres de l'un & l'autre sexe; alors on pourra espérer de récolter de bonnes graines.

Les especes rares se greffent en écusson sur le *sycomore :* cette voie de multiplication est surtout préférée pour l'érable à écorce jaspée , parce qu'il est très-long à venir de graines.

Les érables croissent assez bien dans toutes sortes de terrains ; cependant , celui à feuilles de frêne viendra mieux dans un sol substantiel & frais : tous servent à la décoration des jardins , & leur bois est employé à différens usages.

ÆSCULUS,

MARRONIER D'INDE.

The Horse-Chesnut-Tree.

Class. 7, Ordre 1. Heptandrie Monogynie.

Cal. *périanthe ,* une piece, renflé , petit, à cinq dents.
Cor. *pétales ,* cinq , arrondis , ondulés par un bord plissé , planes , ouverts, colorés inégalement , inférés sur le calice par des onglets étroits.
Etam. *filets ,* sept, (quelquefois huit) , en forme d'alêne, de la longueur de la corolle , réfléchis en-dehors. *Antheres* élevées.
Pist. *germe* arrondi , terminée en *style ,* en forme d'alêne. *Stigmate* aigu.
Per. *capsule* coriacée , arrondie , à trois cellules & à trois valves.

Sem, deux à deux , arrondies ; ordinairement une feule vient à maturité.

Obf. On ne trouve fouvent qu'une femence dans quelques capfules.

1. Æsculus *octandra*. Pavia jaune. *New river Horfe-Chefnut*.

Cet arbre devient quelquefois affez grand ; fes branches font liffes & d'une couleur grisâtre. Ses feuilles font palmées , ou compofées de cinq lobes affez grands, unis à leur bafe , portés fur un pétiole commun paffablement long ; ils ont quelquefois la forme d'un coin , c'eft-à-dire, qu'ils font plus étroits à la bafe qu'à la pointe, dentés & chargés de nervures paralleles obliques. Ses fleurs font d'un jaune pâle , & difpofées en bouquet lâche à l'extrémité des branches ; il leur fuccède des fruits prefqu'auffi gros que ceux du marronier d'Inde d'Orient.

2. Æsculus *pavia*. Linn. Pavia rouge. *Scarlet flowering Horfe-Chefnut*.

Cet arbre s'éleve rarement à plus de dix ou douze pieds ; fes feuilles & fes fleurs reffemblent beaucoup à celles du premier. Ses fleurs font d'un rouge éclatant , portées fur des péduncules courts & nuds , inférés fur un axe commun , au nombre de cinq ou fix dans chaque bouquet, tubulées à leur bafe , & élargies au fommet. Les pétales irréguliers en longueur & en largeur ont quelque reffemblance à une fleur labiée ; elles renferment fept ou huit étamines auffi longues qu'elles. Lorfque la fleur fe flétrit, le germe s'enfle , & prend la forme d'une

poire ; la capfule chargée d'une écorce épaiffe &
roufsâtre, renferme quelquefois une ou deux
femences.

Culture. Il eft fi aifé de multiplier ces deux efpeces par la greffe en écuffon fur le marronier
d'Inde, que nous n'employons gueres la voie
des femences, qui d'ailleurs arrivent toujours
gâtées d'Amérique, à moins qu'on ait la précaution de les expédier promptement. Dès qu'on
les aura reçues, on les femera dans une terre
légere : quoique les pavias croiffent affez bien
dans les terrains médiocres, ils fe plaifent préférablement dans les lieux bas, humides & auprès des ruiffeaux.

AMORPHA.

AMORPHA.

Baftard-indigo.

Clafs. 17, Ordre 3. Diadelphie Décandrie.

Cal. *périanthe*, une piece, tubulé, cylindrique, piri-
forme. *Ouverture* redreffée, à cinq dents ; deux fupérieures, plus grandes ; perfiftante.

Cor. *pétalle*, ovale, concave, un peu plus grand que le
calice droit, inféré au côté élevé du calice, entre les
deux dents les plus grandes & fupérieures.

Etam. *filets*, dix, unis légérement par leur bafe. droits,
inégaux, plus longs que la corolle. *Anthères fimples.*

Pift. *germe* arrondi. *Style* en forme d'alêne, de la longueur
des étamines. *Stigmate* fimple.

Per. *légume* en forme de croiffant, réfléchi, plus grand
que le calice, comprimé, plus courbé par le fommet,
à une loge, tuberculé.

Sem. deux, oblongues, réniformes.

Obf. Ne differe des autres genres à fleurs papillona-
cées, que par l'abfence de l'étendard, des ailes & de la
carêne.

2. Amorpha *fruticofa*. **Linn.** Amorpha d'A‑mérique. *Shrubby Baftard‑indigo.*

Cet arbriffeau eft originaire de Caroline ; il pouffe un grand nombre de tiges confufes, hautes de dix à douze pieds. Ses feuilles font longues , ailées, affez femblables à celles du faux *Acacia ;* fes fleurs très‑petites, & d'une couleur pourpre foncé, font difpofées en panicules longues & déliées, à l'extrémité des rameaux de l'année. Il leur fuccède des légumes comprimés, renfermant chacun deux femences réniformes.

Culture. L'*Amorpha* n'a pas encore pu s'acclimater dans les environs de Paris , à caufe de la rigueur de nos hivers ; les froids très‑violens, font pour l'ordinaire périr fes branches jufqu'à la racine , mais il en repouffe d'autres le printems fuivant. Comme les fortes gelées pourroient endommager fes racines , il fera à propos de répandre fur la terre , près du tronc , une certaine épaiffeur de litiere.

Il fe multiplie plus de marcotes que de graines ; fes rejetons fervent auffi à le propager. Les marcotes fe font ordinairement vers la fin de Septembre : on les fevre l'année d'après , à la même époque. On peut en demander des graines dans la Caroline méridionale , aux environs de Charleftown, où il eft très‑abondant. On les femera au printems , foit en pleine terre à une expofition chaude , foit dans des terrines que l'on placera fur une couche de chaleur modérée, ayant foin de garantir des gelées les jeunes

plantes qui font encore bien délicates les premieres années.

ANDROMÊDA,
ANDROMEDE.
Andromeda.

Claſs. 10, Ordre 1. Décandrie Monogynie.

CAL. *périanthe*, cinq diviſions, aigu, très-petit, coloré,
perſiſtant.
Cor. monopétale, en forme de cloche, cinq dents; *découpures* réfléchies.
Etam. *filets*, dix, en forme d'alêne, plus courts que la
corolle, à laquelle ils adhèrent très-peu. *Antheres*,
deux cornes, penchées.
Piſt. *germe* arrondi, cinq angles, cinq loges, cinq valves,
s'ouvrant dans les angles.
Sem. nombreuſes, arrondies, luiſantes.
Obſ. Corolle : dans quelques eſpeces, ovale ; dans
d'autres tout-à-fait en cloche.

1. ANDROMEDA *arborea*. Andromede en arbre.
The Sorrel Tree.

Cet arbre eſt originaire de Virginie (1) ; il
s'éleve à la hauteur de dix à douze pieds. Ses
fleurs, de couleur verdâtre, ſont diſpoſées en
longues grappes nues ſur un côté du pédicule
commun, prenant naiſſance ſur les côtés des rameaux ; ovales, en forme de vaſe, penchées &
remplacées par de petites capſules.

2. ANDROMEDA *calyculata*. LINN. Andromede
Caliculée. *Ever-green Dwarf Andromeda.*

Petit arbuſte, qui croît dans des terres cou-

____

(1) On le trouve auſſi en Caroline, où il eſt très-abondant.

vertes de mousse, ses feuilles ressemblent un peu à celles du buis, elles ont la même confiftance, & leur superficie eft marquée de plufieurs points. Ses fleurs font blanches, en forme de vafe cylindrique, & difpofées fur de petits rameaux à l'extrémité des branches.

3. ANDROMEDA *paniculata*. LINN. Andromede paniculée. *Panicled Andromeda.*

Cet arbriffeau croît dans un terrain humide ; il s'éleve depuis deux ou trois pieds de hauteur, jufqu'à fix ou fept. Ses feuilles font oblongues, un peu échancrées, & alternes ; fes fleurs font difpofées en panicules lâches à l'extrémité des branches. Il leur fuccède de petites capfules rondes, à cinq loges, remplies de petites graines rondes.

On trouve une variété de cette efpece qui eft plus petite ; elle en diffère en ce que les panicules des fleurs font plus courtes, & qu'elles viennent tantôt aux aiffelles des rameaux, tantôt à leur extrémité.

4. ANDROMEDA *racemofa*. LINN. Andromede à grappes. *Penfylvaniam Red-bud Andromeda.*

Cet arbufte croît à la hauteur de cinq ou fix pieds, dans des terrains gras & bas. Ses feuilles font oblongues & dentées ; fes fleurs font terminales, & portées fur un feul côté des rameaux : elles reffemblent à celles des autres efpeces. Ses longues grappes de fleurs, d'une belle couleur rouge au printems, produifent un effet admirable.

5. ANDROMEDA *mariana.* LINN. Andromede de Maryland. *Maryland , or broad-leaved Andromeda.*

Cet arbriffeau croît lentement ; fa tige grêle eft pour l'ordinaire pliée de côté & d'autre ; fes feuilles ovales, entieres, grandes, ont une confiftance affez épaiffe. Ses capfules font plus grandes que celles des autres efpeces ; elles s'ouvrent par la pointe.

6. ANDROMEDA *nitida.* Andromede luifante. *Ever-green shining-leaved, or Carolinian Redbuds.*

(Catalogue de *Bartram.*)

Cet arbriffeau eft originaire de la Caroline & de la Floride ; il mérite avec raifon un rang diftingué parmi les arbres qui ont les plus belles fleurs.

Ses feuilles ne tombent point ; elles font longues d'environ trois pouces & larges d'un pouce, d'une texture dure & ferme, lancéolées, d'un verd luifant des deux côtés, portées fur des pétioles affez longs, placés alternativement fur chaque côté des branches, vers l'extrémité, & un peu droits. Ses fleurs font difpofées en longues grappes fur les côtés inférieurs des rameaux ; lorfqu'elles ont acquis leur accroiffement parfait, elles prennent une couleur rofe damaffée. Les parties inférieures des grappes reffemblent un peu aux cellules des rayons de mouche à miel ; elles répandent une odeur agréable, & fournifsent une récolte délicieufe à l'abeille.

7. ANDROMEDA *plumata* (1) ; Andromede plumeufe. *Plumed Andromeda*, or *Carolinian Iron-wood Tree*.

(Catalogue de *Bartram*.)

Cette belle efpece d'*Andromeda* vient de la partie du Sud ; elle s'éleve à quinze ou vingt pieds, & porte vers le fommet un grand nombre de branches prefque horifontales.

Ses feuilles font petites, lancéolées, & d'un verd luifant foncé ; mais en automne, avant leur chute, cette couleur devient jaune, rouge & pourpre, ce qui rend ces arbres très-beaux, même lorfqu'ils font vieux. Ses fleurs font dif-pofées à l'extrémité des branches en grappes ran-gées circulairement ; elles font petites, parfaite-ment blanches, & un peu femblables à des plumes de cette couleur. Cette efpece & la pré-cédente croiffent naturellement fur les bords des marais & des étangs, dans la Caroline & la Floride.

Culture. Les graines de ces efpeces d'arbriffeaux font d'une fineffe extrême, & levent affez diffi-cilement ; c'eft pourquoi, on doit préférer de les demander en plants. Le terreau de bruyere, ou toute autre terre qui en approchera le plus, fera celle qui leur conviendra le mieux, fur-tout fi elle eft humide. Pour hâter leur reprife, il fera néceffaire de les abriter du grand foleil, & de couvrir de mouffe, près des tiges, le terrain où ils feront plantés.

---

(1) C'eft peut-être le *Cyrilla racemiflora*, Linn,

(14)

Les *Andromedas* se multiplient pour l'ordinaire de marcotes, que l'on fait au printems. Les personnes qui voudront les obtenir de semences, doivent suivre le procédé suivant.

Semez au printems à l'ombre, sur une planche de terreau de bruyere, & recouvrez à peine vos graines; les arrosemens doivent être légers & faits avec des arrosoirs très-fins, ou même avec un goupillon. Il ne s'agit que de procurer à la terre l'humidité d'une rosée. Comme les plantes sont singulierement délicates lorsqu'elles lèvent, & qu'alors elles ont à craindre une pluie trop abondante, qui les détruiroit infailliblement, disposez sur le semis un chassis peu élevé & des panneaux de verre, en ayant soin d'abriter du soleil avec des paillassons légers, & de donner de l'air lorsqu'il est passé.

On peut aussi semer les graines dans des terrines, & les traiter d'ailleurs comme nous venons de l'indiquer.

Une méthode bien simple, & qui réussit quelquefois, est de répandre sur la planche semée une épaisseur d'environ huit à dix lignes de mousse; ce qui entretiendra la terre toujours fraiche, l'empêchera de se durcir à sa surface, & hâtera le développement des graines. (Alors les chassis & les panneaux sont inutiles.) Lorsque les plants auront acquis un peu de force, ce qui ne sera que vers la troisieme année, repiquez-les chacun séparement dans des pots avec du terreau de bruyere, ou, à son défaut, avec une terre très-déliée, légere & fraiche.

ANNONA,

ASSIMINIER.

Papaw Tree, or Cuſtard apple.

Claſ. 13 , Ordre 1. Polyandrie Polyginie.

CAL. *périanthe*, trois pieces, petit, folioles en cœur ; concaves, pointues.
Cor. *pétales*, ſix, en cœur, ſeſſiles, trois intérieures alternes, plus petites.
Etam. *filets*, à peine viſibles. *Antheres* très-nombreuſes, inſérées au réceptacle.
Piſt. *germe* arrondi, fixé ſur un réceptacle arrondi. *Style* nul. *Stigmates* obtus, nombreux, recouvrant le germe.
Per. *baie* très-grande, arrondie, couverte d'une écorce écailleuſe, à une loge.
Sem. pluſieurs, dures, ovales, oblongues, placées en rond, diſperſées dans le péricarpe ou fruit, luiſantes, comprimées dans quelques eſpeces.

1. ANNONA *glabra*. LINN. Aſſiminier glabre. *Carolinian Smooth-barked Annona.*

Cet arbre eſt originaire de la Caroline. Son écorce eſt liſſe ; ſes feuilles larges, ovales, rétrécies à leur baſe ; ſon fruit gros, jaune & un peu conique.

2. ANNONA *triloba*. LINN. Aſſiminier à trois lobes. *Penſylvaniam Triple-fruited Papaw.*

Cet arbre ſe trouve communément dans des terrains forts, ſur les bords des rivieres en Penſylvanie. Il s'éleve à la hauteur de dix, douze, & quelquefois vingt pieds, n'ayant que peu de branches, garnies de feuilles aſſez longues &

paſſablament larges, étroites vers la baſe, & unies ſur les bords. Ses fleurs, de couleur poupre obſcur, ſont ſolitaires, portées ſur des pédoncules, qui, ainſi que les calices, ſont garnis d'un duvet brun & court. On trouve ſouvent deux ou trois fruits réunis, leſquels tombent de bonne-heure, deviennent très-mous & de couleur jaune.

Culture. Ces arbriſſeaux peuvent s'obtenir de marcotes; mais la voie des graines eſt plus uſitée. On les ſeme au printems dans des pots ou terrines, que l'on a ſoin de placer ſur une couche tiede, en leur procurant quelque abris. Lorſque les plants ſont un peu forts, c'eſt-à-dire, vers la ſeconde année, on les repique dans des pots, ou même en pleine terre, dans un ſol léger, frais & ombragé. Le terreau de bruyere leur convient dans leur jeuneſſe; mais dans un âge plus avancé, une terre ſubſtantielle eſt plus analogue à leur nature.

A R A L I A.

A R A L I E.

The Angelica Tree.

Claſs. 5, Ordre 5. Pentandrie Pentagynie.

C a l. *involucre* très-petit, ombellules, globuleuſes. *Périanthe*, cinq dents, très-petit, ſupérieur au germe.
Cor. *pétales*, cinq, ovales, aigus, ſeſſiles, réfléchis.
Etam. *fiiets*, cinq, en forme d'alène, de la longueur de la corolle. *Antheres* arrondies.
Piſt. *germe* arrondi, inférieur au calice. *Styles* très-courts, perſiſtans. *Stigmates* ſimples.
Per. *baie*, arrondie, ſtriée, couronnée, à cinq loges.
Sem. ſolitaires, dures, oblongues.

ARALIA

'ARALIA *fpinofa.* LINN. Aralie épineufe , ou An-
gélique en arbre. *Virginian Angelica Tree.*

La tige ligneufe & épaiffe de cet arbriffeau
s'élève à la hauteur de dix ou douze pieds , & fe
divife en plufieurs branches , garnies de feuilles
furcompofées , éparfes & alternes. Ses fleurs
naiffent à l'extrémité des branches ; elles font
difpofées en ombelles grandes , compofées &
lâches. Leur couleur eft herbacée ; il leur fuccède des baies arrondies , purpurines lorfqu'elles font mûres. La tige , les branches & les
pétioles des feuilles font armés d'épines courtes
& fortes.

Culture. L'*Aralia* s'élève facilement de graines
que nous recevons de la Caroline , & de quelques autres Provinces plus feptentrionales des
Etats-Unis. Elles doivent être femées au printems dans une terre légere, foit en pots fur couche , foit fur une planche de terreau de bruyere ;
dans l'un & l'autre cas , il eft néceffaire de les
ombrager. Si les plants ont fait quelques progrès,
on peut les repiquer dès la feconde année , vers
le mois d'avril ; mais on ne doit point négliger de
les garantir de la gelée pendant les premieres années. Un terrain chaud & fec paroît convenir à
cet arbre , lorfqu'il eft parvenu à une certaine
force.

Nota. Comme les baies d'*Aralia* renferment
chacune plufieurs femences , il eft à propos ,
avant de les mettre en terre, de les faire tremper
quelques heures dans l'eau , de les froiffer enfuite
dans les mains pour les divifer exactement, & de

fecher les graines avec une terre fine , pour pouvoir les répandre plus également.

ARBUTUS.

ARBOUSIER.

The Strawberry Tree , or Bear - Berry.

Claß. 10. Ordre 1. Décandrie Monogynie.

Cal. *Périanthe*, cinq divifions , obtus , très-petit , perfiftant.

Cor. Une piece , ovale , un peu plane à fa bafe , dia-
phane ; *ouverture* , cinq dents ; *découpures* , obtufes ,
courbées en-dehors , petites.

Etam. *Filets*, dix , en forme d'alêne , renflés , très-minces à leur bafe , moins longs de moitié que la corolle ,
fixés à fon bord intérieur. *Anthères* légérement dentées,
penchées.

Pift. *Germe* globuleux , inféré fur un réceptacle , marqué
de dix points. *Style* cylindrique , de la longueur de la
corolle. *Stigmate* épaiffi , obtus.

Per. *Baie* arrondie , cinq loges.

Sem. petites , coriacées.

Arbutus *uva urfi.* **Linn.** Bufferole , raifin
d'ours. *The Bear-berry.*

Cet arbriffeau croît naturellement dans les
Jerfeys ; il eft rampant , & fe divife en un grand
nombre de branches rapprochées. Ses feuilles
font liffes , épaiffes , entieres & ovales. Ses fleurs
font difpofées en petits bouquets vers l'extrémité
des branches. Il leur fuccède des baies rouges :
on l'a employé avec beaucoup de fuccès contre
le calcul.

Culture. Ce petit arbriffeau fe trouve auffi dans
les Alpes , & fur quelques montagnes d'Italie &

d'Efpagne : on l'obtient des graines que l'on
feme au printems, dans un terrain léger & ombragé ; les plants ne paroiffent quelquefois que
la feconde année.

ARISTOLOCHIA.

ARISTOLOCHE.

Birthwort.

Clafs. 20 , Ordre 5. Gynandrie Hexandrie.

Cal. nul.

Cor. monopétale , tubuleufe , irréguliere ; *bafe* renflée, globuleufe, avec des protubérances; *tube* oblong ,
fix angles peu marqués, prefque cylindriques ; *lymbe*
élargi., partie inférieure en langue allongée.

Etam. *Filets* nuls. *Anthères* , fix, prenant naiffance fous
les ftigmates, à quatre loges (1).

Pift. *germe* oblong , inférieur , anguleux. *Style* prefque
nul. *Stigmate* globuleux, à fix divifions , concaves.

Per. *Capfule* grande, fix angles, fix loges.

Sem. nombreufes, avec enfoncement , couchées.

Obf. Les fruits varient par leur forme ; les uns font
arrondis , & les autres longs.

ARISTOLOCHIA *frutefcens.* ARISOLOCHIA *fypho* ,
l'Héritier, *pag.* 13, *fig.* 7 Ariftoloche en arbre.
Penfylvanian Shrubby Birthwort.

Cette plante croît naturellement près de Pittf-
bourg , dans un bon terrain & à l'ombre; elle
pouffe un grand nombre de tiges grimpantes,
qui atteignent quelquefois la hauteur de trente
pieds ou plus , & portent quantité de branches

---

(1) Les anthères de l'*Ariftolochia fypho* n'ont que deux loges.

contournées. Ses feuilles font larges , entieres ; en forme de cœur , longues de huit pouces environ , larges d'autant , & portées fur des pétioles épais. Ses fleurs font folitaires , quelquefois portées deux à deux fur des pédoncules affez longs ; tantôt elles terminent les branches , & tantôt elles prennent naiffance fous leurs divifions : elles ont chacune une bractée ou feuille florale , qui l'entoure près de fa bafe. La corolle a la forme d'un tube alongé , très-courbé , renflé vers fa bafe ; mais plus étroit à fon fommet , garni d'un bord , qui , dans l'origine , paroît trilobé & triangulaire (en forme de chapeau retrouffé) ; mais il s'étend enfuite , devient plane , arrondi , & fe panache , ainfi que l'extrémité intérieure du tube. Les capfules font cylindriques, à fix angles , longues de trois à quatre pouces , avec un diametre de près d'un pouce. Elles s'ouvrent par fix fentes , & ont fix loges remplies de femences en forme de cœur , comprimées. On y trouve alternativement une femence fertile & une femence ftérile.

Les grandes feuilles & les tiges entrelacées de cette plante procurent une ombre épaiffe. Ses racines ont une faveur aromatique pénétrante. On croit que leur propriété médécinale eft la même que celle de la petite racine , employée contre la morfure du ferpent. Celle-ci croît en Virginie (1).

Culture. Cette plante eft de la plus grande beauté , & très-propre à garnir des berceaux , des

---

(1) M. Marshall n'auroit pas dû nous laiffer ignorer le nom d'une plante auffi précieufe.

ronelles , ou même des parties de rochers dans
les jardins payſagiſtes. On la multiplie de rejetons , de graines , mais plus généralement de
marcotes, que l'on fait au printems , & que l'on
ſevre l'année d'enſuite.

Elle croît aſſez bien dans toutes ſortes de terrains ; mais elle ſe plaît préférablement dans ceux
qui ſont frais & ombragés.

ASCYRUM.

ASCYRE.

St. Peter's Wort.

Claſſ. 18. Ordre 3. Polyadelphie Polyandrie.

Cal. *Périanthe* , quatre pieces , folioles extérieures
oppoſées , très-petites, linéaires , intérieures en cœur ,
grandes, plânes, droites , toutes perſiſtantes.

Cor. *Pétales* , quatre, ovales, extérieurs oppoſés , plus
larges , intérieurs plus petits.

Etam. *Filets* nombreux , en forme de ſoie , légérement
unis en quatre parties à leur baſe. *Anthères* arrondies.

Piſt. *Germe* oblong. *Style* preſque nul. *Stigmate* ſimple.

Per. Capſule oblongue , aiguë , à deux valves , enveloppée par les folioles les plus longues du calice.

Sem. nombreuſes , petites , arrondies.

1. Ascyrum *Hypericoïdes.* Linn. Aſcyre perfo-
rée , ou à feuilles de mille-pertuis. *St. Peter's
Wort.*

Petite plante qui croît naturellement dans les
terrains bas & humides ; elle pouſſe un petit nombre de tiges minces , hautes d'environ dix huit
pouces. Ses branches ſont oppoſées , & un peu
applaties ; ſes feuilles ſont petites , oblongues ,

en forme de coin , oppofées & feffiles. Ses fleurs, peu nombreufes, naiffent aux fommets des tiges; elles reffemblent un peu à celles du *mille-pertuis.*

2. Ascyrum *villofum.* Linn. Afcyre velue; *Villofe St. Peter's wort.*

Les tiges de cette efpece font droites , hautes d'environ trois pieds. Ses feuilles font oblongues & velues ; fes fleurs viennent à l'extrémité des branches, & reffemblent à celles de *mille-pertuis ,* mais n'ont que quatre pétales (1).

Culture. Ces plantes fe multiplient de boutures ou de graines , que l'on feme au printems fur une couche tiede. Les terrains légers & ombragés leur conviendront : elles font affez délicates & peu marquantes ; cependant leur rareté peut leur faire trouver place dans les jardins des curieux.

AZALEA.

AZALÉE.

Upright Honey-Suckle.

Claf. 5. Ordre 1. Pentandrie Monogynie.

Cal. *périanthe* , cinq divifions, droites, aiguës, petites; colorées , perfiftantes.

Cor. *Monopétale,* en cloche , à cinq dents , découpures ré-fléchies fur les côtés.

Etam. *Filets* , cinq , filiformes , libres , inférés fur le réceptacle. *Anthères* fimples.

---

(1) M. Marshall auroit pu ajouter à ces deux efpeces , l'*Afcyrum crux andreæ* , que l'on trouve en Virginie & en Caroline.

Pift. *Germe* arrondi. *Style* filiforme, de la longueur de la corolle, perfiftant. *Stigmate* obtus.
Per. *Ca f le* arrondie, cinq loges, cinq valves.
Sem. nombreufes, arrondies.

Obf. Corolle dans quelques efpeces en entonnoir, dans d'autres en cloche. Etamines dans quelques-unes, portées en-dehors, très longues.

1. **A z a l e a** *nudiflora*. **Linn**. Azalée à fleurs rouges. *Red flowered Azalea.*

Cet arbriffeau fe trouve communément dans les terrains gras, humides & graveleux (1); il s'éleve depuis deux ou trois pieds, jufqu'à cinq ou fix. Ses feuilles viennent en grand nombre à l'extrémité des branches; elles font oblongues, ovales, un peu velues fur les bords & les côtes moyennes inférieures. Ses fleurs paroiffent de bonne heure au printems, même avant le dévéloppement des feuilles; elles naiffent par paquets au fommet des rameaux & des principales branches. Leur couleur eft rouge : elles font velues, & renferment de longues étamines rouges. Il regne une grande variété dans la couleur de ces fleurs, depuis le rouge, jufqu'au blanc.

2. **A z a l e a** *vifcofa*. **Linn**. Azalée vifqueufe. *White fweet Azalea.*

Cette efpece croît naturellement dans de bons terrains pierreux, près des ruiffeaux. Sa hauteur

---

(1) Comme il n'eft pas ordinaire de trouver des terrains grave'eux & pie.reux qui foient humides, à moins qu'il n'y ait un banc de glaife à peu de p ofondeur, je penfe qu'on peut bien ne pas prendre à la lettre ces deux dénominations.

eſt de cinq ou ſix pieds ; ſes feuilles ſont ſemblables à celles de l'eſpece précédente ; mais
beaucoup plus petites , & d'un verd plus pâle.
Ses fleurs viennent après le développement parfait de ſes feuilles , (vers le tems de la moiſſon)
(1) ; elles ſont blanches , velues , viſqueuſes ,
& ont l'odeur du chevre-feuille.

3. AZALEA *viſcoſa paluſtris.* Azalée viſqueuſe
des marais. *Swamp Aʒalea.*

C'eſt une variété du précédent: on la trouve
communément dans des terrains bas & humides ;
elle croît plus lentement, Ses feuilles ſont rudes
& viſqueuſes, lorſqu'elles commencent à paroître ; ſes fleurs ſont blanches , mais d'une odeur
moins agréable que celles de l'eſpece ci-deſſus.
Il y a auſſi quelques variétés dans celle-ci, dont
les fleurs different par leur diſpoſition ou leur
aſpect.

Culture. Les ſemences d'*Aʒalea* ſont très-déli-
cates , & levent difficilement. Comme elles exigent en tout le procédé indiqué pour celles
d'*Andromeda*, je renvoie à cet article. Quoique
quelques perſonnes ſoient aſſez heureuſes pour
élever de graines ces arbriſſeaux, je conſeille
toutefois de préférer de les recevoir en plants.
Si on leur procure un ſol léger, frais & ombragé, le ſuccès en ſera preſque certain. Ils ſe
multiplient encore de rejetons & de marcotes
que l'on fait au printems : ils méritent d'être
cultivés par l'agrément qu'ils procurent.

___
(1) En Juin & Juillet , aux environs de Paris.

BACCHARIS.

BACCHANTE.

Plowman's Spikenard.

Claſs. 19. Ordre 2. Syngénéſie Polygamie
ſuperflue.

Cal. *commun*, cylindrique, imbriqué ; *écailles* linéaires, aiguës.
Cor. *compoſée*, égale ; *fleurons* hermaphrodites & fe-
melles, mêlés.
 Propre, hermaphrodites en entonnoir, à cinq dents ;
dans les femelles à peine ſenſible, preſque nulle.
Etam. hermaphrodites, *filets* cinq, capillaires, très-pe-
tits. *Antheres* cylindriques, tubuleuſes.
Piſt. hermaphrodite, *germe*, ovale. *Style* filiforme, de la
longueur de la fleur. *Stigmate* à deux dents. *Femelles*,
comme les hermaphrodites.
Per. nul, le calice en tient lieu.
Sem. hermaphrodites ſolitaires, très-courtes, oblongues.
 Aigrette ſimple.
 Femelles, de même.
Récep. nu.
 Obſ. Dans quelques eſpeces, l'aigrette eſt plus longue
que le calice, dans d'autres elle le ſurpaſſe à peine.

Baccharis *halimifolia*. Bacchante de Virginie.
 Virginiam Groundſel Tree.

Cet arbuſte s'élève à la hauteur de ſix ou huit
pieds, avec quantité de branches garnies de
feuilles ovoïdes, légérement dentées à leur extrémité ſupérieure, & vertes toute l'année. Ses
fleurs ſont terminales & d'un blanc jaunâtre.

 Culture. On le multiplie de graines, de boutures & de marcotes. Les graines doivent être

femées au printems , dan$ une terr$ légere &
fraîche. Cette faifon eſt auſſi la plus favorable
pour les boutures & les marcotes. Il ſe plaît dans
un ſol léger & les expofitions chaudes : il a le
mérite de fleurir très-tard en automne & de
conferver long-tems ſa verdure , qui, quoique
peu agréable, ne laiſſe pas que de contraſter aſſez
bien avec le verd des autres arbres. Il fleurit à la
maniere des féneçons ; ce qui lui a fait donner
par quelques perfonnes le nom de *féneçon en
arbre :* on le trouve très-abondamment dans la
Caroline du Sud, d'où il eſt aiſé d'en faire venir
des graines. Celles que l'on récolte dans nos jardins, ne parviennent jamais à maturité.

BERBERIS.

ÉPINE VINETTE.

The Barberry-Bush.

Claſſ. 6. Ordre 1. Hexandria Monogynia.

C A L. *périanthe*, fix pieces , ouvert ; folioles ovales ;
rétrécies à la baſe , concaves, alternativement plus
petites , colorées, tombantes.

Cor. *pétales* , fix , arrondis , concaves , redreſſés-ouverts,
à peine furpaſſant le calice.

Ne&aire, deux petits corps arrondis , colorés , prenant
naiſſance à la baſe de chaque pétale.

Etam. *filets*, fix , comprimés , obtus. *Anthères*, deux, qui
prennent naiſſance au fommet de chaque filet.

Piſt. *germe* cylindrique , de la longueur des étamines.
Style nul. *Stigmate* orbiculaire , plus large que le germe,
bord aigu.

Per. *baye* cylindrique , obtuſe, ombiliquée par un point ,
à une loge.

Sem. deux , oblongues , cylindriques, obtuſes.

Berberis *Canadenfis*. Linn. Epine Vinette du Canada. *The Canadian Barberry.*

Cet arbriffeau eft originaire du Canada ; il reffemble un peu à l'Epine Vinette d'Europe ; mais fes feuilles font beaucoup plus courtes & plus larges. Son fruit , lorfqu'il eft mûr, prend une couleur noire. On trouve encore une efpece d'Epine Vinette qui croît fur les bords de la nouvelle riviere en Virginie ; fes baies font rouges : je l'ai jugée n'être qu'une petite plante.

Culture. L'Epine Vinette fe multiplie de rejetons, qu'il faut féparer & planter en automne ; & de marcotes, que l'on doit faire au printems. C'eft auffi dans la même faifon qu'il eft néceffaire de femer fes graines ; elles ne levent pour l'ordinaire que la feconde année : tous les terrains lui conviennent. Cet arbriffeau forme naturellement un buiffon ; ce qui le rend très-propre à être planté dans les maffifs. Son fruit paroît avoir les mêmes propriétés que celui de l'efpece que nous cultivons en Europe.

BETULA.

BOULEAU.

The Birch-Tree.

Clafs. 21. Ordre 4. Monoécie Tétrandrie.

FLEURS mâles, difpofées en chatons cylindriques. Cal. *chaton* commun , imbriqué de toute part, lâche, cylindrique , compofe d'écailles à trois fleurs, fur le côté defquelles font placées, vers les côtés, deux autres écailles très-petites.

Cor. *compofée*, trois fleurons égaux ; attachés fur le difque de chaque écaille du chaton.

Propre, monopétale, à quatre divifions, ouverte, très-petite ; *découpures*, ovales-obtufes.

Etam. *filets* (fleurons), quatre, très-petits. *Antheres*, doubles.

* Fleurs femelles, difpofées en chaton fur la même plante.

Cal. *chaton commun*, imbriqué ; *écailles*, trois, oppofées, fixées à l'axe, biflores, en cœur aigu, divifées par une pointe au milieu vers le fommet, concaves, courtes.

Cor. à peine vifible.

Pift. *germe propre*, ovale, très-petit. *Styles*, deux, filiformes, de la longueur des écailles du calice. *Stigmates* fimples.

Péric. nul. *Chaton* entourant fous chaque écaille les femences de deux fleurons.

Sem. folitaires, ovales.

1. BETULA *nigra*. LINN. Bouleau noir *ou* Bouleau à canot. *Black*, *or Sweet-Birch*.

Cet arbre parvient quelquefois à la hauteur de cinquante à foixante pieds, & pouffe une grande quantité de branches. Ses feuilles font ovales, doublement dentées ; les petites dentelures font rapprochées, les grandes plus éloignées. Les pétioles font velus, ainfi que les jeunes rameaux. Les naturels du pays conftruifent fouvent leurs canots avec l'écorce de cet arbre.

2. BETULA *lenta*. LINN. Bouleau mérifier. *Red Birch*.

Cet arbre devient affez grand ; il pouffe beaucoup de branches minces & pliantes. Ses feuilles font liffes, en cœur, oblongues, pointues, & finement dentées en fcie fur les bords.

3. BETULA *papyrifera*. Bouleau à papier. *White Paper Birch*.

Cette efpéce eft variété de la précédente, & lui reffemble beaucoup ; fa grandeur eft moyenne, & fa tige recouverte d'une écorce unie, très-blanche.

4. BETULA *populifolia*, Bouleau à feuilles de tremble. *Afpen - leaved-Birch*.

Cette efpece eft auffi variété de la feconde ; elle croît naturellement dans les Jerfeys & les autres Etats de l'eft: elle forme un affez grand arbre. Son écorce eft blanche ; fes feuilles un peu triangulaires, ne reffemblent pas mal à celles du Peuplier tremble ; mais elles fe terminent en longues pointes aiguës, font doublement dentées, portées fur des pétioles longs & minces, & mifes en mouvement par le moindre foufle de vent.

5. BETULA *humilis*. Bouleau nain. *Dwarf Birch*.

Cette efpece eft auffi variété de la feconde : elle croît lentement, & refte petite.

Culture. Comme les femences du Bouleau que nous recevons d'Amérique réuffiffent difficilement, on ne doit pas borner fes demandes aux graines feules, mais préférer en avoir des plants, que l'on peut aifément multiplier, foit par les marcotes, foit par les greffes en écuffon fur le Bouleau commun. Celui-ci s'obtient par la voie des femis ; fes graines acquierent leur maturité en automne : on les cueille auffi-tôt , & on les mêle avec du fable, pour les conferver ainfi juf-qu'au mois de Mars , tems auquel elles doivent être répandues fur une terre légere , fraîche & ombragée. On peut auffi s'en procurer des plants dans les bois , où les graines, femées d'elles-mêmes, & abritées par beaucoup d'arbres, réuf-fiffent encore mieux que dans une pépiniere. Le Bouleau commun croît dans toutes fortes de terrains ; mais il préfere les lieux humides, ainfi que les Bouleaux d'Amérique.

BETULA-ALNUS.

AUNE.

The Alder Tree.

Les caracteres de l'*Aune* font les mêmes que ceux du *Bouleau* ; la feule différence eft d'avoir fes graines difpo-fées en cône arrondi.

1. BETULA-ALNUS *glauca*. Aune à feuilles argentées. *Silver - leaved Alder.*

Cet arbre croît naturellement dans des terrains bas & marécageux ; il s'éleve pour l'ordinaire à la hauteur de dix à douze pieds.

2. BETULA-ALNUS *maritima*. Aune mari-time. *Sea-fide Alder.*

Cette efpece parvient à la hauteur de la pré-cédente. Ses feuilles font longues & étroites : elle fleurit pour l'ordinaire au mois d'Août, tems auquel les chatons des fleurs femelles pa-

roiffent ; mais ils n'acquierent leur perfection que
l'été fuivant.

3. BETULA-ALNUS *rubra.* Aune commun.
Common Alder.

On le trouve communément dans plufieurs
cantons de la Penfylvanie ; fes feuilles font plus
larges que celles des autres efpeces & ridées. Il
fleurit au printems , & mûrit fes graines en automne.

Culture. L'*Aune* fe multiplie aifément de marcotes ; les efpeces rares fe greffent en écuffon
fur celle des bois , dont on trouve du plant
affez abondamment dans les vieilles aunaies. Il
ne fe plaît que dans les lieux humides & marécageux.

BIGNONIA.

BIGNONE.

The Trumpet Flower.

Claf. 14. Ordre 1. Didynamie Angiofpermie.

CAL. *périanthe ,* une piece, droit , en forme de taffe ,
à cinq dents.
Cor. monopétale , en cloche. *Tube* très-petit , de la longueur du calice. *Ouverture* très-longue , renflée inférieurement , oblongue, campanulée. *Limbe* à cinq
divifions, deux découpures fupérieures réfléchies, inférieures élargies.
Etam. *filets ,* quatre , en forme d'alène , plus courts que
la corolle , deux plus longs. *Antheres* réfléchies , oblongues , comme doubles.
Pift. *germe ,* oblong. *Style* filiforme , même pofition &
figuré que les étamines. *Stigmate* en tête.

Per. *filique* ; à deux loges, deux valves.
Sem. nombreufes , imbriquées , comprimées ; ailées-
membraneufes de chaque côté.
   Obf. Le *Catalpa* n'a que deux étamines parfaites ; &
trois petits rudiments d'étamines , ainfi qu'un calice à
cinq pieces.

1. B I G N O N I A *Catalpa.* L I N N. Catalpa. *The
Catalpa Tree.*

Cet arbre croît à la hauteur de douze ou
quinze pieds ; fon tronc devient fort , & fe divife
en plufieurs branches, garnies de feuilles grandes , en cœur, & oppofées. Ses fleurs font difpofées en panicules rameufes à l'extrémité des
branches ; elles ont une couleur blanche obf-
cure, avec quelques taches pourpres, & des raies
jaunes fur les côtés ; leur bord eft ondulé. Il leur
fuccède des filiques très-longues , renfermant
des femences applaties & ailées, placées les unes
fur les autres , comme des écailles de poiffon.

2. B I G N O N I A *crucigera.* L I N N. Bignone porte-
croix. *Crofs-vine.*

Cette plante pouffe des tiges minces , traînantes , qui ont befoin d'être foutenues ; c'eft pourquoi il faut la placer contre un mur à une bonne
expofition , d'autant plus qu'elle craint le grand
froid. Ses branches font garnies de feuilles oblongues , toujours vertes. Ses fleurs viennent aux
aiffelles des feuilles , reffemblent beaucoup à
celles de la digétale , & ont une couleur jaune.

3. B I G N O N I A *radicans.* L I N N. Bignône de
Virginie. *Climing Trumpet - Flower.*

Lorfque cette plante eft vieille , elle a de
grandes

grandes tiges rudes, qui pouffent beaucoup de branches foibles, garnies de racines à leurs articulations; ce qui leur donne la facilité de s'attacher à tout ce qu'elles rencontrent : elles s'élévent quelquefois à la hauteur de quarante ou cinquante pieds. Ses feuilles font ailées, oppofées, compofées ordinairement de quatre paires de folioles, avec une impaire. Ses fleurs naiffent à l'extrémité des rameaux de la même année ; elles ont des tubes longs, renflés, affez femblables à une trompette, & d'une couleur orange, tirant vers le rouge : il leur fuccède des filiques longues, remplies de femences ailées.

4. BIGNONIA *femper virens.* LINN. Bignone toujours verte. *Ever-green Bignonia, or Yellow Jafmine.*

Cette efpèce reffemble fi fort à la feconde, qu'elle n'exige pas une plus ample defcription(1).

Culture. La première efpece eft acclimatée dans nos jardins ; elle y fleurit abondamment toutes les années, & y donne de fort bonnes graines, que l'on feme en Avril, fur des planches de terre légere, à une expofition ombragée. L'hiver d'enfuite, on a foin de préferver de la

____

(1) Bien loin d'être du même avis que M. Marshall, je crois au contraire que ces deux plantes different effentiellement. La filique du *Bignonia crucigera* eft longue d'environ cinq à fix pouces; celle du *Bignonia femper virens* a tout au plus un pouce. Les feuilles dans celleci font étroites, longues, lancéolées ; dans l'autre, elles font beaucoup plus larges. La coupe tranfverfale des tiges du *Bignonia crucigera* repréfente une croix bien formée.

C

gelée le plant qu'on en a obtenu ; cette précaution eſt néceſſaire pendant les premières années : on doit même empailler les jeunes ſujets,
ſoit qu'ils ſoient plantés en planche dans la pépiniere ou à demeure dans les jardins. Lorſque
les arbres ſont forts , ce ſecours eſt inutile. Le
catalpa ſe plaît particulierement dans un ſol léger & humide ; il croît néanmoins aſſez bien dans
les terrains médiocres & ſecs.

La ſeconde eſpèce , *Bignonia crucigera* , ſe
trouve en Caroline, dans les lieux très-aquatiques.
Si l'on peut s'en procurer des graines , il faudra
les ſemer au printems, ſur couche, dans des pots.
Il y a lieu de croire qu'elle ſupportera en pleine
terre la rigueur de nos hivers ; je conſeille toutefois de ne la riſquer que lorſqu'on en ſera
muni de pluſieurs individus.

La troiſieme eſpèce , *Bignonia radicans* , ſe
multiplie de ſemences , de marcotes & de boutures ; ſes branches flexibles & grimpantes la
rendent très-propre à couvrir des berceaux & des
treillages. Tous les terrains lui conviennent.

La quatrieme eſpèce , *Bignonia ſemper virens*,
nous eſt envoyée de la Caroline méridionale,
où elle croît dans les lieux très-humides & ombragés : on ne peut la conſerver que dans la ſerre
chaude aux environs de Paris. Ses graines levent
bien, ſi on les ſeme dans une terre légère , ſur
une couche tiede.

CALLICARPA.

(De même en François & en Anglois.)

Claſs. 4. Ordre 1. Tétrandrie Monogynie.

Cal. *périanthe*, une pièce, en cloche : ouverture droite, à quatre dents.
Cor. monopétale , tubuleuſe. *Limbe* à quatre dents, ob-tus , ouvert.
Etam. *filets* , quatre , filiformes , deux fois auſſi longs que la corolle. *Anthères* ovales.
Piſt. *germe* arrondi. *Style* filiforme, épaiſſi ſupérieurement. *Stigmate* un peu épais , obtus.
Per. *baie* ronde , glabre.
Sem. quatre , petites , calleuſes , comprimées , un peu convexes d'un côté , échancrées de l'autre.

Callicarpa *Americana.* Linn. Callicarpa d'Amérique. *Carolinian shrubb Callicarpa.*

Les tiges minces de cet arbriſſeau s'élèvent depuis trois pieds juſqu'à cinq , avec un grand nombre de branches éparſes , couvertes de duvet , lorſqu'elles ſont jeunes , & garnies de feuilles ovales , lancéolées, oppoſées , portées ſur des pétioles aſſez longs. Les fleurs ſont ſeſſiles , diſpoſées en verticilles, petites , tubuleuſes, diviſées à leur ſommet en quatre parties obtuſes, d'une couleur pourpre foncé. Il leur ſuccède des baies tendres , ſucculentes , de même couleur que les fleurs lorſqu'elles ſont bien mûres , renfermant chacune quatre ſemences dures. Cette eſpèce eſt originaire de la Caroline , & doit craindre le trop grand froid.

Culture. Le callicarpa fe propage par fes graines que l'on feme au printems dans des pots remplis de terre légère, & que l'on place fur une couche de chaleur modérée, pour hâter leur végétation. Les plants paroiffent pour l'ordinaire la même année ; mais quelquefois auffi ils ne fe montrent que la feconde : dans tous les cas, il faut les répiquer, lorfqu'ils ont acquis un peu de force. Il s'accommode affez bien d'un terrain médiocre, & peut, avec quelques précautions, fupporter le froid de notre climat.

CALYCANTHUS.

CALYCANT.

Carolinian Allspice.

Claf. 12. Ordre 5. Icofandrie Polygynie.

C A L. *périanthe*, une pièce, en forme de godet, écail-leux, épaiffi : *folioles* colorées, lancéolées; les fupérieures plus grandes, reffemblant aux pétales.

Cor. nulle, *fi ce n'eft que les folioles cdicinales reffemblent à des pétales* oblongs, colorés, charnus, plu longs que le calice, un peu ouverts, légèrement courbés fur toute leur longueur, inférés fur le bord tronqué du calice, difpofés en plufieurs rangs circulaires, de longueur inégale, caduques.

Etam. *filets*, nombreux, en forme d'alêne, inférés au col du calice. *Anthères* oblongues, fillonnées, prenant naiffance au fommet des filets.

Pift. *germes*, plufieurs, terminés en *ftyles*, en forme d'alêne, comprimées, de la longueur des étamines. *Stigmates* glanduleux.

Per. nul. *Calice* épaiffi, faifant fonction de capfule, ovale, en forme de baie.

Sem. nombreufes, ovales-oblongues.

CALYCANTHUS *floridus.* **LINN.** Calycant de
Caroline. *Caroliniam Allspice.*

Cet arbriffeau agréable & odorant croît naturellement en Caroline, où il s'élève depuis quatre, jufqu'à fix ou huit pieds de hauteur, & pouffe
un grand nombre de petites branches oppofées,
garnies de feuilles ovales, entières & auffi
oppofées. Ses fleurs font folitaires à l'extrémité
des rameaux de l'année, d'une couleur pourpre
foncé, répandant à une très-grande diftance,
lorfqu'elles font épanouies, une odeur agréable, qui approche beaucoup de celle d'une fraife
mûre. Il fleurit en Mai, & continue jufqu'au
tems de la moiffon. A fes fleurs, il fuccède de
grandes capfules, ovoïdes, rudes, renflées, de
deux pouces ou plus de longueur, fur un pouce
de diamètre, contenant une grande quantité de
femences ovales & brunes.

Culture. La voie des marcotes eft la plus généralement employée pour obtenir cet arbriffeau :
on doit les faire au printems. Il fe plaît dans un
terrain léger, frais & ombragé. Quant aux graines, nous n'en recevons prefque jamais, encore
réuffiffent elles affez difficilement.

C A R P I N U S.
C H A R M E.
The Horn-Beam-Tree.

Claff. 21. Ordre 8. Monœcie Polyandrie.

FLFURS mâles, difpofées en chaton cylindrique.
Cal. *chaton* commun, imbriqué de tout côté, com-

poſé d'*écailles* uniflores, ovales, concaves, aiguës,
ciliées.

Corolle nulle.

Etam. *filets*, le plus ſouvent dix, très-petits. *Anthères*
doubles comprimées, velues au ſommet, à deux
valves.

* Fleurs femelles, diſpoſées en chaton oblong ſur le
même individu.

Cal. *chaton* commun, imbriqué lâchement, formé d'é-
cailles lanceolées, velues, réfléchies au ſommet,
uniflores.

Cor. en forme de coupe, une pièce, à ſix dents : *décou-*
pures, deux plus grandes.

Piſt. *germes*, deux, très-courts, chacun deux *ſtyles*, capillaires, colorés, longs. *Stigm tes* ſimples.

Per. nul. *chaton* très-élargi, contenant une ſemence à la
baſe de chaque écaille.

Sem. *noyau* ovale, anguleux.

Obſ. Les ſemences du *charme* de Virginie viennent à la
baſe des écailles calicinales concaves ; mais celles à
fruit d'houblon prennent naiſſance parmi des écailles
calicinales renflées.

I. **C A R P I N U S** *Betulus Virginiam.* Carpinus
Virginiana. H. R. P. Charme de Virginie.
American Horn-Beam.

Cet arbre croît ſur les bords de notre rivière,
& de nos anſes ; ſon tronc eſt fort ligneux, un
peu anguleux, haut de dix à quinze pieds, garni
d'un grand nombre de branches, avec des feuilles ovales, pointues & dentées. Ses fleurs ſont
diſpoſées à l'extrémité des jeunes rameaux, ſur
des chatons lâches, parſemés de feuilles ; il leur
ſuccède de petites ſemences dures & anguleuſes.

2. CARPINUS *Oſtrya.* **LINN.** Charme à fruit d'houblon. *The Hop-Hornbeam.*

Cet arbre eſt en général plus grand & plus droit que le précédent ; ſon bois eſt plus dur ; ſes branches ſont en moins grand nombre, mais plus dentées. Ses feuilles reſſemblent un peu à celles de l'orme. Les chatons mâles viennent à l'extrémité des branches ; ils paroiſſent en automne, & ſubſiſtent tout l'hiver. Les fleurs femelles ſont diſpoſées en chatons écailleux, renflés, reſſemblant beaucoup à du houblon, d'où le fruit a tiré ſon nom. Il y a une variété de cette eſpèce qui fleurit comme le *charme* de Virginie ; mais je ne l'ai point vu.

Culture. La première eſpèce n'eſt pas très-commune : on peut ſe la procurer de New-York, ſoit en plant, ſoit en graines, qui, dès qu'elles arrivent, doivent être mêlées avec du ſable ſec, & conſervées ainſi juſqu'au mois de Mai : alors on les ſemera dans une terre légère & fraîche. On la multiplie auſſi de marcotes & de greffes ſur le *charme* ordinaire, & même ſur l'orme.

La ſeconde eſpèce ſe trouve ailleurs qu'en Amérique. Miller dit qu'elle croît communément en Allemagne, & Linné qu'elle eſt auſſi en Italie. La manière de la propager eſt la même que la précédente.

La graine du *charme* ordinaire ſe ſeme dès qu'elle eſt mûre, dans un terrain frais, & à l'ombre, s'il eſt poſſible. Quelques graines leveront le printéms fuivant ; mais la totalité ne paroîtra que la feconde année. Il faut farcler fouvent, & arrofer dans le befoin. La tranfplantation de ces arbres fe fait l'hiver, préférablement au printems.

C A S S I N E.

C A S S I N E.

Caffine , or South-fea Tea-Tree

Clafs. 5. Ordre 3. Pentandrie Trigynie.

CAL. *périanthe* , cinq divifions , inférieur , très-petit ; obtus, perfiftant.

Cor. cinq divifions , ouverte : découpures ovoïdes , obtufes , plus grandes que le calice.

Etam. *filets* , cinq , en forme d'alêne , ouverts. *Anthères* fimples.

Pift. *germe* inférieur , conique. *Style* nul. *Stigmates*, trois, réfléchis , obtus.

Per. *baie* arrondie , à trois loges , ombiliquée par les ftigmates.

Sem. folitaires , ovoïdes.

CASSINE *Peragua.* LINN. Caffine de Caroline. Vulgairement *Apalachine.*

Ever-green Caffine , Yapon , or South-Sea Tea tree.

Cet arbre fe trouve en Caroline , & dans quelques parties de la Virginie , mais principalement au bord de la mer ; il s'élève à la hauteur de dix à douze pieds. Son tronc eft garni de branches fur toute fa hauteur. Ses feuilles font alternes, lancéolées, toujours vertes, épaisses, d'un verd foncé, un peu échancrées sur les bords. Ses fleurs sont verticillées, axillaires, de couleur blanche : il leur succède des baies rouges, à trois loges, dont chacune renferme une semence (1).

Culture. Ses graines se sement au printems, dans une terre légère ; on place les pots ou terrines dans une couche tiede : elles ne germent pour l'ordinaire que la seconde année. Comme cet arbrisseau est originaire d'un pays plus chaud que le nôtre, il ne faudra le risquer en pleine terre, que lorsque l'on en sera pourvu de quelques pieds.

CEANOTHUS.

CÉANOTE.

American Ceanothus, or New-Jersey Teà-tree.

C A L. *périanthe*, une pièce, en forme de poire : *limbe* cinq divisions, aiguës, rapprochées, fermées, pérsistantes.

Cor. *pétales*, cinq, égaux, arrondis, voûtés, en forme de poche, comprimés, très-obtus, ouverts, plus petits que le calice, avec des onglets aussi longs que les pétales, sortant des incisions du calice.

---

(1) Quelques personnes nomment *thé de la mer du Sud*, le *viburnum cassinoïdes* ; mais je crois que ce nom convient uniquement au vrai *cassine*, dont il est ici question. Cet arbrisseau porte dans la Virginie & la Caroline septentrionale le nom d'*Yapon* ; dans la Caroline méridionale & la Géorgie, il est connu sous celui de *Cassine* ou *Casine* : les feuilles servent en guise de thé ; on lui attribue en outre beaucoup d'autres vertus médecinales.

Etam. *filets ;* cinq , en forme d'alêne , droits , oppofés aux pétales , de la longueur de la corolle. *Anthères* arrondies.

Pift. *germe* triangulaire. *Style* cylindrique , prefque à trois dents , de la longueur des étamines. *Stigmates* obtus.

Per. *baie* fèche , à trois coques , trois loges , obtufe , parfemée de tubercules.

Sem folitaires , ovales.

CEANOTHUS *Americanus.* LINN. Céanote d'Amérique. *American Ceanothus , or New-Jerfey Tea-tree.*

Ce petit arbriffeau eft très-commun dans plufieurs cantons du nord de l'Amérique ; il s'élève rarement au deffus de quatre ou cinq pieds. Ses branches fortent de tous côtés fur la hauteur de la tige. Ses feuilles font ovales , pointues , marquées de trois veines longitudinales de la bafe à la pointe , fe ramifiant vers le milieu , alternes , d'un verd clair. Ses fleurs font blanches , difpofées en bouquet ferré à l'extrémité des jeunes rameaux , & d'un afpect très-agréable lorfqu'elles font développées.

La décoction des racines de cet arbriffeau eft très-eftimée pour plufieurs maladies ; non feulement elle guérit les gonorrhées fimples, qu'elle arrête dans deux jours fans aucunes fuites fâcheufes , mais elle eft encore employée avec fuccès dans les maladies vénériennes les plus invétérées. Quelques perfonnes font fecher fes feuilles, & les fubftituent au *thé-bou* , d'où il a tiré fon nom.

Culture. Le céanote eft maintenant affez com-

mun dans nos jardins ; il y fleurit chaque année,
& y donne des graines en abondance, qui réuffiffent à l'inftar de celles d'Amérique. On les
feme au printems dans une terre légère ; elles
n'exigent enfuite d'autres foins que d'être far-
clées foigneufement, & arrofées dans les tems
fecs. Les plants, quoique jeunes, ne craignent
nullement le froid ; ils fe plaifent dans un fol
léger, frais & ombragé.

C E L A S T R U S.

C É L A S T R E.

The Staff-Tree.

Clafs. 5. Ordre 1. Pentandrie Monogynie.

Cal. *périanthe*, une pièce, prefque à cinq dents, plâne,
très-petit ; découpures obtufes, inégales.
Cor. *pétales*, cinq, ovales, ouverts, feffiles, égaux, réfléchis fur les bords.
Etam. *filets*, cinq, en forme d'aléne, de la longueur de
la corolle. *Anthères* très-petites.
Pift. *germe* très-petit, enfoncé dans un réceptacle, grand,
plâne, marqué de dix ftries. *Style* en forme d'aléne,
plus court que les étamines. *Stigmate* obtus, à trois
dents.
Per. *capfule* colorée, ovale, à trois angles obtus, gib-
beufe, à trois loges, à trois valves.
Sem. peu nombreufes, ovales, colorées, glabres, recouvertes à moitié d'une enveloppe, à cinq dents,
inégale, colorée.
Obf. Il y a une efpece qui n'a point de ftyle, mais trois
ftigmates ; ce qui lui donne de l'affinité avec la Pentandrie
trigynie.

Celastrus *scandens.* **Linn.** Célaſtre grimpant,
ou bourreau des arbres. *American climing
Staff tree.*

Cette plante croît naturellement dans beaucoup d'endroits de l'Amérique ſeptentrionale ;
elle élève ſa tige entrelacée, à la hauteur de dix
ou quinze pieds , lorſqu'elle eſt ſoutenue Ses
branches ſont nombreuſes , minces, flexibles,
garnies de feuilles oblongues, pointues , un peu
dentées en ſcie. Ses fleurs ſont diſpoſées en bouquets lâches ſur les côtés des branches , d'une
couleur verdâtre , & remplacées par des capſules
arrondies , à trois angles , d'un rouge pâle lorſqu'elles ſont bien développées , ouvertes en trois
parties , & laiſſant échapper leurs ſemences à la
manière des fuſains Ses graines ſont dures,
ovales , recouvertes d'une pulpe , mince & rouge : elle eſt très parente , lorſqu'elle eſt couverte
de fruits mûrs.

Culture. On ſeme vers la fin de Mars dans une
terre légère & fraîche les graines du bourreau
des arbres ; elles germent aſſez facilement , &
n'exigent que les ſoins ordinaires. On marcote
auſſi dans le printems les tiges radicales.

Ce n'eſt pas ſans raiſon qu'on a donné à cette
plante le nom de *bourreau des arbres* ; quelquefois
elle s'attache avec tant de force autour d'eux ,
& les ſerre ſi étroitement, qu'elle les fait périr en
peu de tems. Elle croît en Amérique, parmi les arbres & les arbriſſeaux , où elle fait le plus bel
effet : elle paroît ſe plaire dans un terrain fort &
humide.

C E L T I S.

M I C O C O U L I E R.

The Nettle tree.

Claſs. 24. Ordre 1. Polygamie Monœcie.

* FLEURS hermaphrodites ſolitaires, ſupérieures.

Cal. *périanthe*, une pièce, cinq diviſions, ovales, ouvertes, qui ſe deſſechent.

Cor. nulle.

Etam. *filets*, cinq, très-courts, cachés d'abord par les
anthères, plus longs après l'exploſion ſéminale. *Anthères* oblongues, épaiſſies, quadrangulaires, à quatre
ſillons.

Piſt. *germe* ovale, pointu, de la longueur du calice.
Styles, deux, ouverts, courbés en ſens différent, en
forme d'alêne, très longs, velus de tous côtés. *Stigmata*
ſimple.

Per. *Brou* (1), globuleuſe, à une loge.

Sem. noix, arrondie.

* Fleurs mâles ſur la même plante, mais inférieures.

Cal. *périanthe*, ſix pièces; le reſte comme dans les hermaphrodites.

Cor. nulle.

Etam. ſix, le reſte comme dans les hermaphrodites.

CELTIS *Occidentalis.* Micocoulier d'Occident.

American Yellow fruited, Nettle-tree.

Cet arbre ſe trouve communément dans beau-

---

(1) Ce n'eſt point proprement un brou, puiſque l'enveloppe ne
contient point de noix; on pourroit plutôt la regarder comme une
baie.

coup d'endroits de l'Amérique septentrionale ; il croît dans un terrain humide & fertile, où sa tige devient droite & haute. L'écorce des jeunes arbres est quelquefois unie & d'une couleur noire ; mais quand ils sont plus vieux, elle est rude & plus pâle. Ses branches sont nombreuses, garnies de feuilles obliques, ovales, terminées en pointe, dentées en scie. Ses fleurs portées sur des pédoncules assez longs, prennent naissance du côté opposé aux feuilles : elles sont petites & peu agréable ; il leur succède des baies rondes, dures, de la grosseur d'un pois moyen, de couleur jaune, & douces au goût.

On regarde le suc du fruit comme astringent, & propre à soulager dans les dissenteries violentes.

Culture. On le multiplie de graines, que l'on seme au printems dans une terre légère : elles levent pour l'ordinaire la même année, quelquefois cependant elles ne paroissent que la seconde. Les espèces rares se greffent en écusson sur celles dont on a le plus abondamment.

Quoique les fleurs & les fruits de cet arbre aient peu d'apparence, & qu'il pousse assez tard dans le printems, il mérite néanmoins de trouver place dans les grandes plantations. Son bois dur & flexible est très-estimé pour le charronage.

CEPHALANTHUS.

BOIS BOUTON, CÉPHALANTE.

The Button-Tree.

Claſs. 4. Ordre 1. Tétrandrie Monogynie.

CAL. *périanthe commun*, nul, réceptacle globuleux, réuniſſant pluſieurs fleurons en petites têtes.
Périanthe propre, une pièce, en entonnoir, anguleux: limbe à quatre dents.
Cor. *commune*, égale, *propre*, monopétale, en entonnoir, aiguë.
Etam. *filets*, quatre, inférés ſur la corolle, plus courts que le limbe *Anthères* globuleuſes.
Piſt. *germe* inférieur. *Style* plus long que la corolle. *Stigmate* globuleux.
Per. nul.
Sem. ſolitaires, longues, amincies à leur baſe.
Réc. *commun*, globuleux, velu.

CEPHALANTHŪS *Occidentalis*. LINN. Boïs bouton, *ou* Céphalante d'Occident. *Button-Tree.*

Cet arbriſſeau eſt aſſez commun ſur les bords des étangs; il s'élève à la hauteur de ſix ou huit pieds. Ses branches ſont oppoſées & tortues; ſes feuilles, auſſi oppoſées, ſortent ſouvent trois à trois ſur les jeunes rameaux: elles ſont longues de près de trois pouces, larges d'un pouce & quart, avec une forte nervure longitudinale, d'un verd clair. Leurs pétioles prennent une couleur rougeâtre, près des branches. Celles-ci ſont terminées par des têtes globuleuſes, composées d'un grand nombre de petites fleurs de couleur blanchâtre.

Culture. Cet arbrisseau se multiplie de marcottes, mais principalement de graines, que nous récoltons annuellement dans nos jardins. On les seme au printems, dans une terre légère, fraîche & ombragée : c'est celle qui lui conviendra le mieux dans tous les états. Il ne craint nullement le froid ; mais il pousse tard, néanmoins il mérite d'être cultivé dans les jardins d'agrément.

C E R C I S.

GAINIER, ARBRE DE JUDÉE.

The Judas Tree.

Claß. 10. Ordre 1. Décandrie Monogynie.

C A L. *périanthe*, une pièce, très-court, en cloche, renflé à la base, mellifere : *ouverture*, à cinq dents, droites, obtuses.

Cor. *pétales*, cinq, insérés au calice, ressemblans à une corolle papillonacée.

Aîles : pétales, deux, réfléchis en haut, fixés au calice par des onglets.

Etendard : pétale, un, arrondi, plus court que les aîles, onguiculé sous elles.

Carêne : pétales, deux, unis en cœur, renfermant les parties de la fructification, fixés par des onglets.

Nectaire, petite glande, en forme de Style, sous le germe.

Etam. *filets*, dix, distincts, en forme d'alêne, penchés, quatre plus longs, couverts. *Anthères* oblongues, fixées latéralement, élevées.

Pist. *germe* linéaire - lancéolé, pédonculé. *Style*, longueur

gueur & fituation des étamines. *Stigmate* obtus ;
élevé.
Per. *légume* oblong , pointu obliquement, à une loge.
Sem. plufieurs , arrondies , attachées à la futute fupérieure.

CERCIS *Canadenfis.* LINN. Gaînier, *ou* arbre de Judée du Canada. *Red-bud, or Judas tree.*

Cet arbre fe trouve dans plufieurs cantons du
nord de l'Amérique ; il s'élève à la hauteur de
dix ou quinze pieds. Sa tige eft affez forte, couverte d'une écorce noirâtre, fe divifant, vers le
haut, en plufieurs branches irrégulières, garnies
de feuilles cordiformes, un peu cotonneufes
en-deffous, glabres en-deffus, & fur les bords,
portées fur des pétioles affez longs. Ses fleurs
font difpofées par paquets ferrés contre les branches, avec des pédoncules courts. Elles ont une
belle couleur rouge, & fe montrent avant les
feuilles ; leur afpect eft agréable. On dit qu'il y
a en Caroline une variété de cette efpèce, dont
les fleurs font petites.

Culture. On feme fes graines au printems ,
dans une terre légère ; elles n'exigent enfuite
d'autres foins que quelques arrofemens dans les
tems fecs.

Cette efpèce eft moins belle que le gaînier
ordinaire ; elle eft plus petite dans toutes fes
parties, & en diffère d'ailleurs par fes feuilles,
qui font cordiformes.

D

CHIONANTHUS.

CHIONANTHE.

The Snow - drop , or Fringe Tree.

Claſs. 2. Ordre 1. Diandrie Monogynie.

C A L. *périanthe*, une pièce , à quatre diviſions , droir, pointu , perſiſtant.

Cor. monopétale, en entonnoir. *Tube* très court , ouvert, de la longueur du calice. *Limbe* à quatre diviſions, linéaires , droites, aiguës, obliques, très-longues.

Etam. *filets*, deux, très courts , en forme d'alêne , inférés ſur le tube. *Anthères* en cœur , cordiformes & droites.

Piſt. *germe*, ovale. *Style* ſimple, de la longueur du calice. *Stigmate* obtus, à trois dents.

Per. *brou*, ovale, à une loge.

Sem. noyau ſtrié.

Obſ. Le nombre des étamines eſt quelquefois de trois ou de quatre.

C H I O N A N T H U S *Virginica*. LINN. Chionante de Virginie, arbre de neige. *Virginian Snow-drop Tree.*

Cet arbriſſeau eſt commun dans pluſieurs parties de l'Amérique ſeptentrionale : on le trouve dans les terrains humides ; il s'élève à la hauteur de quinze ou vingt pieds , & pouſſe un grand nombre de branches , couvertes d'une écorce légèrement colorée. Ses feuilles ſont grandes, oblongues, entières , oppoſées. Ses fleurs naiſſent vers l'extrémité des jeunes ra-

meaux de l'année précédente. Les pédoncules communs font courts & garnis de feuilles ;
les pédoncules propres fortent de la bafe de
chacune de ces feuilles, & font divifés pour
l'ordinaire en trois parties, mais fouvent plus.
Ils foutiennent chacun une petite fleur compofée de quatre pétales, blancs, affez longs,
étroits, d'un afpect agréable, lorfqu'ils font entièrement développés. Aux fleurs, il fuccède
des baies ovales, d'un blanc livide, quand elles
font mûres, contenant chacune une graîne dure,
oblongue, pointue.

L'écorce de la racine de cet arbriffeau,
broyée & appliquée fur les bleffures nouvelles,
eft regardée, par les naturels du pays, comme
un fpécifique propre à les guérir fans fuppu-
ration.

Culture. Cet arbre eft encore affez rare dans
nos jardins ; il fupporte plus facilement la rigueur de notre climat, qu'il ne s'accommode de
la nature de nos terrains. Ses graines lèvent affez
bien ; on les feme en automne dans un fol humide & ombragé. Les plants ne paroiffent pour
l'ordinaire que la feconde année ; ils font délicats dans leur jeuneffe, & ne veulent être tranfplantés que lorfqu'ils ont acquis un peu de confiftance : on ne doit pas épargner les arrofemens. Les autres voies de multiplication font
les marcotes, & les greffes en écuffon fur le
frêne ordinaire, mais il dure peu de cette manière.

Le chionanthe produit dans le pays d'où
il eft originaire, une fi grande quantité de

fleurs , qu'il reffemble , en quelque façon , à un arbre couvert de neige , d'où lui eft venu fon nom.

CLETHRA.

(De même en Anglois & en François.)

Claff. 10. Ordre 1. Décandrie Monogynie.

CAL. *périanthe* , une pièce , à cinq divifions ; *folioles* ovales , concaves, droites , perfiftantes.

Cor. *Pétales* , cinq , oppofés , plus larges en-dehors ; droits , ouverts , un peu plus longs que le calice : le fupérieur plus large que les autres.

Etam. *filets*, dix , en forme d'alêne , de la longueur de la corolle. *Anthères* droites-oblongues , s'ouvrant par le fommet.

Pift. *germe* arrondi. *Style* filiforme , droit , perfiftant , augmentant en groffeur. *Stigmate* à trois dents.

Per. *Capfule* arrondie , enveloppée par le calice , à trois loges , à trois valves.

Sem. nombreufes , anguleufes.

CLETHRA *alnifolia.* LINN. Clethra à feuilles d'aune. *Alder leaved Clethra.*

Cet arbriffeau eft commun dans le Maryland , la Virginie & la Caroline , où il croît dans des terrains humides & au bord des ruiffeaux : il s'éleve à la hauteur de fept à huit pieds ; de fa tige, fort un grand nombre de branches , garnies de feuilles alternes , en forme de coin , ovales , veinées, dentées en leurs bords , femblables à celle de l'*aune* ; mais plus allongées. Ses fleurs font difpofées en longs épis lâches à l'extrémité des branches, de couleur blanche, & très-agréables lorfqu'elles font épanouies (1).

Culture. Comme les graines de *clethra* réuffiffent difficilement, on préfere de le multiplier de rejetons & de marcotes, que l'on fait vers le commencement de Mars. On peut les fevrer l'année d'enfuite; mais fi différentes circonftances les avoient empêché de pouffer des racines, il ne faudroit faire cette opération que la feconde année : on mettra les plants dans une terre légère & humide.

Les perfonnes qui feront bien aifes d'avoir recours à la voie des femences, fe ferviront du procédé indiqué pour les *andromedas.*

CORNUS.

CORNOUILLER.

The Cornel, or Dogberry-Tree.

Clafs. 4. Ordre 1. Tétrandrie Monogynie.

CAL. *involucre*, fouvent quatre pieces, multiflore: *folioles* ovales, colorées, tombantes, les plus petites oppofées.
Périanthe très-petit, à quatre dents, fupérieur, caduque.
Cor. *pétales*, quatre, oblongs, aigus, plânes, plus petits que l'involucre.
Etam. *filets*, quatre, en forme d'alêne, droits, plus longs que la corolle. *Anthères* arrondies, penchées.

____

(1) On trouve en Caroline une autre efpèce de *clethra*, dont les feuilles font glauques.

Pist. *germe* arrondi, inférieur. *Style* filiforme, de la longueur de la corolle. *Stigmate* obtus.

Per. *brou*, arrondi, ombiliqué.

Sem. noyau en cœur, oblong, à deux loges.

Obs. Il n'y a point d'involucre dans la plupart des espèces
de l'Amérique.

1. CORNUS *alterna*, **CORNUS** *alternifolia*. H. R. P.
Cornouiller à feuilles alternes. *Alternate bran-
ched, or Female Virginian Dogwood.*

Cet arbrisseau croît à la hauteur de douze ou
quinze pieds ; il se divise vers le haut en plusieurs branches couvertes d'une écorce qui paroît striée. Les petits rameaux sont alternes &
coudés à chaque division. Ses feuilles sont entières, ovales, pointues, très-veinées. Ses fleurs
sont disposées en grappes à l'extrémité des rameaux ; il leur succède des baies arrondies,
d'une couleur pourpre foncé quand elles sont
mûres.

Cette espèce se distingue particulièrement par
ses feuilles alternes.

2. CORNUS *candidissima*, *an* **CORNUS** *citrifolia.*
H.R.P. Cornouiller à feuilles glauques. *Swamp
American Dogwood.*

Cette espèce s'élève à la hauteur de six à huit
pieds, & croît particulièrement dans les lieux
humides & marécageux. Son écorce est blanchâtre ; ses feuilles opposées, pointues, lancéolées,
sont un peu blanches en-dessous : ses fleurs viennent en grappes à l'extrémité des branches ; il leur
succède des baies charnues, blanchâtres.

3. CORNUS *Florida*. LINN. Cornouiller de la Floride. *Male Virginian Dogwood.*

Sa tige est forte, haute de douze ou quinze pieds; ses branches sont nombreuses, étendues, quelquefois opposées, mais souvent verticillées quatre à quatre. Ses feuilles sont ovales, pointues, veinées & entières. Ses fleurs viennent en grappes à l'extrémité des branches; elles ont une enveloppe commune, composée de quatre bractées presque toujours échancrées au sommet, un peu colorées à l'extrémité, dont deux opposées plus longues & plus étroites que les autres. Ses fruits sont des baies rouges & oblongues. Il fleurit en Mai, & mérite d'être rangé parmi les arbrisseaux les plus agréables. Son écorce a été employée avec succès pour remplacer le quinquina. Nos fileuses se servent souvent des jeunes rameaux de cet arbrisseau pour en faire leurs quenouilles.

4. CORNUS *sanguinea*. LINN. Cornouiller sanguin. *American Red-rod Cornus.*

Cet arbrisseau croît dans un terrain humide; il s'élève à la hauteur de huit à dix pieds, & pousse un grand nombre de tiges. L'écorce des jeunes rameaux est très-lisse, d'un beau rouge foncé. Ses branches & ses feuilles sont opposées, & ressemblent beaucoup à celles de la première & troisième espèce. Ses fleurs sont blanchâtres, disposées en grappes à l'extrémité des branches;

il leur fuccède des baies charnues, bleuâtres lorfqu'elles font mûres (1).

Culture. Tous les *cornouillers* s'élèvent de marcotes , de rejetons & de graihes que l'on doit
femer en automne : fi l'on attendoit le printems,
on courroit rifque de ne voir paroître les plantes,
qu'un an , ou même deux années après. Le *cornouiller* de la Floride exige un terrain frais &
léger : il réuffira dans la terre de bruyere & au
nord. Quant aux autres , ils s'accommodent
affez bien de toutes fortes de terrains & d'expofitions.

CORYLUS.

NOISETIER.

The Hazel, or Nut-Tree.

Clafs. 21. Ordre 8. Monoécie Polyandrie.

*FLEURS *mâles* difpofées en chaton allongé.
Cal. *Chaton commun*, imbriqué de toute part, cylindrique,
   compofé d'*écailles* uniflores , plus étroites à la bafe ,
   élargies au fommet , réfléchies , à trois dents : *divifions*
   moyennes , de la longueur des autres , deux fois plus
   larges , recouvrant les autres.
Cor. nulle.
Etam. *fil ts*, huit, très-courts, unis aux côtés intérieurs
   de l'écaille calicinale. *Anthères* ovales-oblongues , plus
   courtes que le calice , droites.

---

(1) On pourroit ajouter à toutes les efpèces précédentes , les *cornus
Alba, cornus Canadenfis , cornus nova Belgica , cornus ferruginea , cornus
Virginiana,* qui croiffent auffi dans l'Amérique feptentrionale.

*_Fleurs femelles_ éloignées des mâles, fur la même plante, feffiles , renfermées deux à deux.

Cal. _périanthe_ , deux pièces, coriace , déchiré fur le bord, droit, de la longueur du fruit , à peine vifible au tems de la floraifon.

Cor. nulle.

Pift. _Germe_ arrondi , très-petit. _Styles_ , deux, filiformes, colorés , beaucoup plus longs que le calice. _Stigmates_ fimples.

Pér. nul.

Sem. noix ovale, ratiffée à fa bafe , un peu comprimée, un peu aiguë , recouverte d'une enveloppe mince , dé-chirée fur les bords.

1. CORYLUS _Americadna_. Noifetier d'Améri-que. _American Hazelnut._

Cet arbre fe trouve communément dans les terrains gras & humides ; il s'étend par fes raci-nes , & pouffe d'abord une feule tige , qui, dans la fuite , fe divife en plufieurs branches irrégu-lières garnies de feuilles ovales , pointues , den-tées en fcie. Les chatons mâles viennent à l'extrémité des branches , les femelles un peu au-deffous, fouvent plufieurs enfemble, & quel-quefois feuls. Il leur fuccède des fruits dont l'en-veloppe eft arrondie à la bafe ; mais frangée à fon extrémité ; chacune renferme une amande.

2. CORYLUS _cornuta_. H. R. P. Noifetier à fruit cornu. _Dwarf Filbert , or Cuckold-nut._

Cette efpèce reffemble beaucoup à la précé-dente ; mais elle s'élève rarement au-deffus de trois à quatre pieds. Ses fruits font folitaires fur les branches; leurs enveloppes font plus petites,

allongées en manière de corne , preſſant étroite-
tement les coques.

Culture. Les noiſetiers ſe multiplient par les
ſemences , les rejetons , & mieux encore par les
marcotes ; ce dernier moyen eſt préféré , parce
que les plantes en ſont plus belles , que l'on en
jouit promptement, & que ſi l'eſpèce eſt bonne,
on eſt aſſuré de la conſerver toujours telle. Si
toutefois on vouloit les élever de ſemences , il
faudroit conſerver les graines dans du ſable ſec,
en lieu frais , & les ſemer au mois de Février.

Quoique ces arbres ſe plaiſent en général dans
une terre forte & humide , ils ne laiſſent pas
que de croître dans un ſol médiocre & léger.

CRATÆGUS. *Voyez* MESPILUS.

CUPRESSUS.

CYPRÈS.

The Cypreſs Tree.

Claſs. 2 1. Ordre 9. Monoécie Monadelphie.

**Fleurs mâles* diſpoſées en chaton ovale.
Cal. *chaton commun*, ovale , compoſé de fleurs éparſes ;
   écailles uniflores , arrondies , pointues ſur le devant, en
   forme de bouclier, oppoſées, vingt environ.
Cor. nulle.
Etam. *Filets* nuls : écailles caliſinales faiſant leurs
   fonctions ; ſur elles prennent naiſſance inférieurement
   quatre anthères.
* Fleurs femelles , ramaſſées en cône arrondi ſur la
même plante.

Cal. *cône commun*, arrondi, huit ou dix fleurons; écailles
uniflores, oppofées, ovales, convexes en-deffous,
entr'ouvertes.
Cor. nulle.
Pift. *germe* peu apparent, points nombreux entre chaque
écaille calicinale, tronqués, concaves au fommet.
Per. nul. *Cône* un peu globuleux, fermé, s'ouvrant par des
écailles orbiculées, anguleufes, en forme de bouclier,
fous chacune defquelles on trouve :
Sem. une graine anguleufe, aiguë, petite.

1. CUPRESSUS *difticha.* LINN. Cyprès à feuilles
d'Acacia. *Virginian decidous Cyprefs - Tree.*

Cet arbre croît dans les terrains bas & marécageux; il s'élève à la hauteur de foixante-dix à
quatre-vingt pieds : fon diamètre eft de trois ou
quatre. Ses feuilles font petites, linéaires, for-
tant de tous les côtés, mais particulièrement fur
les deux côtés oppofés des petites branches :
elles tombent en automne. Ses cônes font arrondis, & d'environ un pouce de diamètre; fon
bois eft propre à une infinité d'ufages : il fournit
une grande quantité de planches, de courbes de
vaiffeau, &c.

2. CUPRESSUS *Thuyoïdes.* LINN. Cyprès à feuilles
de Thuya, *ou* Cèdre blanc. *Maryland Blue-
berried Cyprefs.*

Cet arbre a été regardé en quelque façon comme nain; cependant il devient très-grand, &
égale prefque le précédent en hauteur & en diamètre. Ses feuilles font petites, toujours vertes,
reffemblant beaucoup à celles de *thuya.* Ses cônes
font à-peu-près de la groffeur des baies de géne-

vrier, un peu anguleuses, à plusieurs loges. Son bois est plus mou que celui du cyprès à feuilles d'*acacia*, & employé généralement à plus d'usages : il est de durée, & point sujet à être rongé par les vers. On en fait d'excellentes planches pour construire nos vaisseaux, des poteaux, des courbes, &c. Les battes, les tonneaux & les seaux de nos laitieres sont construits de ce bois.

Culture. Les graines du cyprès chauve nous viennent de la Caroline, de la Virginie, de la Louisiane : on les seme au mois de Mars, à une exposition ombragée, & dans une bonne terre de bruyere, que l'on a soin d'entrenir humide, au moyen de fréquens arrosemens. Elles germent pour l'ordinaire la même année ; mais quelquefois aussi les plants ne paroissent que la seconde. On doit les abriter pendant l'hiver, lorsqu'ils sont jeunes ; devenus forts, ils peuvent résister au froid. Si l'on avoit qu'une petite quantité de graines à semer, on les répandroit dans des terrines profondes, sous lesqu'elles on mettroit des cuvettes de terre, que l'on auroit soin de tenir toujours pleines d'eau. On le multiplie aussi de marcotes ; mais les semis sont préférables.

Le cyprès à feuilles d'*acacia* est, pour ainsi dire, le seul des arbres résineux qui croisse entièrement dans l'eau, à l'instar de nos arbres aquatiques. Quelques voyageurs rapportent qu'on l'y trouve à cinq ou six pieds de profondeur : cette considération doit nous le rendre très-précieux. Nous avons en France une infinité de terrains marécageux, regardés comme inutiles,

dans lefquels on pourroit le planter avec avantage.

Cet arbre offre une particularité bien fingu-
lière ; de fes racines qui s'étendent à de grandes
diflances du tronc, s'élevent quantité de protubérances, de forme conique, qui ont jufqu'à
dix pieds de hauteur : elles font ordinairement
creufes, & paroiffent deflinées à pomper l'air
extérieur, pour en faire jouir l'arbre. On les emploie en Amérique à différens ufages.

Le cèdre blanc ne réuffit que dans les terrains
légers & très-humides ; fes graines levent affez
bien à une expofition ombragée, mais les jeunes
plantes font fort délicates & croiffent lentement.
On doit préférer de le recevoir en nature : il eft
commun aux environs de New-York.

D I O S P I R O S.

PLAQUEMINIER , GUAIACANA.

The Date plum, or Perfimmon Tree.

Claffe 23. Ordre 2. *Polygamie Dioécie.*

*H*ERMAPHRODITES femelles.
Cal. *Périanthe*, une piece, à quatre dents, grand, obtus,
perfiftant.
Cor. monopétale, en forme de godet, plus grande
que le calice, à quatre dents : *découpures* aiguës, ouvertes.
Etam. *filets*, huit, filiformes, courts, légerement attachés au réceptacle. *Anthères* oblongues, ftériles.
Pift. *germe* arrondi. *Style*, un, à quatre dents courtes,

perfiftant, plus long que les étamines. *Stigmates* obtus ?
bifides.

Per. *baie*, globuleufe, arrondie, à huit loges, placée fur
un calice très-grand, ouvert.

Sem. folitaires, arrondies, comprimées, très-dures.
  * Fleurs mâles, fur des plantes différentes.

Cal. *périanthe*, une pièce, à quatre dents, aigu, droit ;
petit.

Cor. monopétale, en godet, coriacée, à quatre angles,
quatre dents : *découpures* arrondies, roulées.

Etam. *filets*, huit, très-courts, inférés fur le receptacle.
Anthères doubles, longues, aiguës : les intérieures plus
courtes.

Pift. rudiment du *germe*.

Diospiros *Virginiana*. Linn. Plaqueminier de Virginie. *Virginian Perfimmon Tree.*

Cet arbre croît naturellement dans les terrains
forts & humides de la Penfylvanie, du Maryland
& de la Virginie ; il parvient à la hauteur de
vingt pieds, quelquefois plus. Ses branches font
affez courtes, & garnies de feuilles entières,
oblongues, pointues. Ses fleurs naiffent fur les
petits rameaux, & font peu agréables ; il leur
fuccède de gros fruits globuleux ou oblongs,
d'un goût flatteur lorfqu'ils font mûrs. Un de
ces arbres, lorfqu'il a acquis tout fon accroiffement, rapporte fouvent deux boiffeaux de
fruit, quelquefois davantage, qui fourniffent,
par la diftillation, autant de gallons d'eau-de-
vie, dont le goût paroît être égal à celui du rum
des Indes Occidentales. Nos cultivateurs n'ont
pas affez donné leurs foins à cet objet ; cependant, dans quelques endroits, on fait avec fes
fruits un très-bon cèdre. Cet arbre offre des

variétés ; quelques-uns portent des fruits gros &
précoces ; d'autres, en produisent de petits &
tardifs.

Culture. Le Plaqueminier se multiplie aisément
de graines, que l'on répand au printems, dans
une terre légère & à l'ombre ; on les recouvre
d'environ six lignes : elles n'exigent ensuite que
quelques arrosemens. Les plants paroissent environ six semaines après ; s'ils ont fait quelques
progrès pendant l'été, on peut les repiquer l'année d'ensuite. Il pousse, lorsqu'il est fort, quantité de rejetons que l'on met en pépiniere.

Son bois est d'une contexture également belle
& compacte ; on l'emploie à faire des maillets &
des montures de fusil. Son fruit pourroit être
de quelque usage dans la médecine : on parle
de sa gomme comme d'un excellent remede
purgatif.

On cultive dans les jardins de Charlestown,
en Caroline, une variété de Plaqueminier, dont
on dit les fruits aussi bons que quelques-unes
de nos prunes de France : il seroit intéressant de
la connoître.

D I R C A.

D I R C A.

Leather Wood.

Clafs. 8. Ordre 1. Octandrie Monogynie.

C A L. nul.
Cor. monopétale, en forme de massue, *tube* renflé vers
le haut, *limbe* peu marqué, bord inégal.

Etam. *filets*, huit, très-minces, insérés au milieu du tube, plus longs que la corolle. *Anthères* arrondies, droites.

Pist. *germe*, ovale, oblique au sommet. *Style* filiforme, plus long que les étamines, courbé vers le sommet. *Stigmate* simple.

Per. *baie*, à une loge.

Sem. une.

DIRCA *paluſtris*. **LINN.** Dirca des marais, *ou* Bois de cuir. *Virginian Marsh Leather-wood.*

On trouve cet arbriſſeau dans les lieux ombragés & humides; ſa tige a rarement plus de trois à quatre pieds de hauteur : elle pouſſe vers le ſommet un grand nombre de petites branches très-flexibles, recouvertes d'une écorce légèrement colorée. Ses feuilles ſont glabres, ovales, d'un verd pâle. Ses fleurs qui naiſſent à l'extrémité des petits rameaux de l'année précédente, ſont d'une couleur herbacée & peu agréables. Il leur ſuccède des baies ovales, d'une teinte légèrement jaunâtre lorſqu'elles ſont mûres.

Culture. Le *dirca* eſt ſi commun dans le New-Jerſey, que ſon écorce y ſert à faire des cordes à puits; il eſt encore fort rare en France, & très-délicat à élever. On le multiplie de graines, mais mieux de boutures & de marcotes; le froid l'endommage rarement.

EPIGÆA

E P I G Æ A.

É P I G É E.

Trailing Arbuſtus.

Claſs. 10. Ordre 1. Décandrie Monogynie.

Cal. *péritanthe*, double, rapproché, perſiſtant.

P. *extérieur*, trois pièces, *folioles* ovales-lancéolées, ai‑ guës : extérieure plus grande.

P. *intérieur*, cinq diviſions, droit, un peu plus grand que l'extérieur. *Folioles* lancéolées, aiguës.

Cor. monopétale, en forme de coupe. *Tube* cylindrique, à peine plus long que le calice, velu en‑dedans. *Limbe* ouvert, à cinq diviſions. *Lobes* ovales-alongés.

Etam. *filets*, dix, filiformes, de la longueur du tube, fixés à la baſe de la corolle. *Anthères* oblongues, aiguës.

Piſt. *germe*, globuleux, velu. *Style* filiforme, de la lon‑ gueur des étamines. *Stigmate* obtus, à cinq petites diviſions.

Per. *capſule*, un peu globuleuſe, avec enfoncement, cinq angles, cinq loges, cinq valves.

Sem. nombreuſes, arrondies. *Recep.* grand, à cinq di‑ viſions.

E p i g æ a *repens.* L i n n. Épigée rampante.
Trailing Arbuſtus.

Cette plante croît ſur les montagnes expoſées au nord; ſes tiges tracent beaucoup, & portent des racines à chaque articulation. Ses feuilles ſont oblongues, rudes, ondulées ſur les bords. Ses fleurs viennent en panicules lâches à l'extré‑ mité des branches ; elles ſont blanches, mêlées de rouge. Leur extrémité ſe diviſe en cinq

E

parties ; ce qui les fait reſſembler à une étoile.

Culture. On multiplie cette plante avec facilité, au moyen des racines que ſes tiges produiſent à chacun de leurs nœuds ; on les ſépare de la vieille plante en automne , & on les place dans un lieu frais & ombragé : elle eſt peu agréable, & n'a d'autre mérite que d'augmenter la variété dans les jardins des curieux.

E V O N I M U S.

F U S A I N.

The Spindle Tree.

Claſs. 5 , Ordre 1. Pentandrie Monogynie.

C A L. *Périanthe,* une pièce , à cinq diviſions , plâne : *découpures* arrondies, concaves.

Cor. *pétales*, cinq , ovales , plânes , plus longs que le calice.

Etam. *Filets* , cinq , en forme d'alêne , droits , plus courts que la corolle, placés ſur le germe comme un réceptacle. *Anthères* doubles.

Piſt. *Germe* , pointu. *Style* court, ſimple. *Stigmate* obtus.

Per. *Capſule* charnue , colorée, cinq angles , cinq loges, cinq valves.

Sem. ſolitaires , ovales , recouvertes d'une enveloppe , en forme de baie.

Obſ. Dans quelques eſpèces , on ne trouve point la cinquième partie de la fructification.

1. E V O N I M U S *Carolinenſis.* E V O N I M U S *atro-purpureus. Jacq. Hort. v. t.* 120. Fuſain de Caroline à fleurs noires. *Carolinian Spindle Tree.*

Cet arbriſſeau croît à la hauteur de huit à dix

pieds. Ses branches font oppofées ; fes jeunes
rameaux un peu quadrangulaires , font marqués
longitudinalement de raies vertes. Ses feuilles
font auffi oppofées , ovales , aiguës , finement
dentées , & d'un verd foncé. Les pédoncules
font axillaires aux feuilles , divifés pour l'ordinaire en trois parties vers leur extrémité ; chacune d'elles porte trois fleurs compofées de quatre pétales , d'un pourpre foncé , difpofées en
croix , avec quatre étamines : il leur fuccède des
capfules anguleufes , fillonnées , d'un rouge pâle
lorfqu'elles font à leur degré de perfection , &
d'un afpect agréable après la chute des feuilles.

2. E v o n i m u s *latifolius*. *Evonimus Europæus*,
Linn. B. Fufain à larges feuilles. *Broad-leaved
Spindle Tree*.

Cette efpece reffemble beaucoup à la précédente ; mais fes feuilles font plus larges , plus
longues , d'un verd plus pâle , & prennent une
couleur plus rougeâtre avant leur chute. Les
capfules font auffi plus grandes , plus arrondies
aux angles , d'un rouge plus pâle , ainfi que les
fleurs.

3. E v o n i m u s *femper virens*. E v o n i m u s
Americanus. Linn. Fufain toujours verd,
Ever-green Spindle tree.

Cette efpèce eft plus petite que les deux précédentes , & s'élève rarement à plus de fix à fept
pieds ; fes branches font nombreufes , oppofées,

plus anguleufes , & d'un verd plus foncé que celles des efpèces ci-deffus. Ses feuilles font plus étroites , & d'une texture plus ferrée ; fes fleurs ont la difpofition des premières : chaque pédoncule n'en porte pour l'ordinaire que trois , compofées de cinq pérales plus pâles & plus arrondis. Il leur fuccède des capfules arrondies , chargées de petites protubérances, d'un beau rouge quand elles font mûres, s'ouvrant en quatre ou cinq parties., & laiffant paroître des graines, foutenues par des filets blancs; ce qui rend cet arbriffeau très-agréable en automne. L'afpect rouge qu'il préfente alors, lui a fait donner le nom de *buiffon ardent* 1). Les jeunes plantes confervent leurs feuilles tout l'hiver.

Toutes ces efpèces croiffent naturellement dans des terrains humides & ombragés.

Culture. Les fufains fe perpétuent par les femences , les marcotes , les drageons : on greffe les efpèces rares en écuffon fur celle des bois. Ce dernier moyen eft fur-tout préféré pour les deux premières , parce que de cette manière, elles croiffent plus vîte , & deviennent plus belles. Les graines doivent être femées au printems , ou même en automne , dans une terre légère. On fépare les drageons dans cette dernière faifon; les marcotes fe font au printems.

---

(1) On ne le connoît point en France fous ce nom. C'eft affez improprement qu'on l'appelle toujours *vert* ; car, quoiqu'il conferve fes feuilles une partie de l'hiver, il ne laiffe pas que de les perdre enfuite. Ses tiges grêles nous font juger qu'il a befoin de foutien pour parvenir à la hauteur de fix à fept pieds.

Le fufain à larges feuilles eft celui qui mérite
le plus d'être cultivé : on ne le trouve pas feulement en Amérique, il eft auffi en Allemagne,
en Suiffe.

F A G U S.

HÈTRE.

The Beech - Tree.

Clafs. 21. Ordre 8. Monoécie Polyandrie.

*FLEURS *mâles*, fixées fur un réceptacle en forme de
chaton commun.
Cal. *périanthe*, une pièce, en cloche, à cinq dents.
Cor. nulle.
Etam. *filets* nombreux (environ douze), de la longueur
du calice, filiformes. *Anthères* oblongues.
* *Fleurs femelles* dans le bouton de la même plante.
Cal. *périanthe*, une pièce, à quatre dents, droit, aigu.
Cor. nulle.
Pift. *germe* recouvert par le calice. *Styles*, trois, en forme
d'alêne. *Stigmates* fimples, réfléchis.
Per. *capfule* arrondie (c'étoit dans le principe le calice),
très grande, hériffée d'épines molles, à une loge, à
quatre valves.
Sem. deux, ovales, triangulaires, trois valves, poin-
tues.
Obf. Les fleurs mâles des hêtres font difpofées en rond ;
celles du chataignier, en cylindre.

1. FAGUS *fylvatica atro-punicea.* Hêtre des bois,
à feuilles pourpres. *American Beech-tree.*

Cet arbre croît dans des terrains bas & fur les
bords des rivieres ; il parvient quelquefois à la

hauteur de quarante à cinquante pieds, avec un diamètre de dix-huit pouces. Ses feuilles font très-minces, ovales-lancéolées, dentées en scie, se confervant long-tems fur les branches ; les cochons fe nourriffent de fes fruits. Son bois eft dur, & d'un grain ferré : on l'emploie à faire des inftrumens de menuiferie.

Culture. Voyez l'article du *Chataignier.*

FAGUS-CASTANEA.

CHATAIGNIER.

The Chefnut-tree.

Ses caractères font prefqueles mêmes que ceux du hêtre ; il en diffère cependant en ce que fes fleurs mâles font difpofées en chatons cylindriques ; que les ftyles font plus nombreux, filiformes, les capfules beaucoup plus grandes, rondes, hériffées de longs piquants très-forts, renfermant depuis une femence jufqu'à quatre ou cinq, mais plus ordinairement deux ou trois. Son amande eft douce au goût.

1. FAGUS-CASTANEA *dentata.* Chataignier d'Amérique. *American Chefnut-tree.*

Cet arbre devient très-grand : on en trouve fouvent de foixante à quatre-vingt pieds de hauteur, & de quatre à cinq de diamètre. Ses branches font peu nombreufes ; fes feuilles font longues, en lance & dentées. Son bois eft d'un grand ufage pour des palis, des treillages ; il fe fend aifément, & dure plus que celui de nos chênes. Quelques perfonnes font fécher fes fruits, & les employent en guife de café. On fe fert encore de fon bois pour faite du charbon à l'ufage des forgerons & autres ouvriers; mais il n'eft guères eftimé pour le chauffage.

2. FAGUS-CASTANEA *pumila.* FAGUS *pumila.* LINN. Chataignier nain , *ou* Chinquapin. *Dwarf Chefnut Tree.*

Cette efpèce s'élève rarement au-deffus de dix ou douze pieds ; elle reffemble d'ailleurs beaucoup à la précédente. Ses capfules font petites, & ne renferment pour l'ordinaire qu'une femence conique : elle croît dans un terrain de gravier & léger.

Culture. Le hêtre & le chataignier fe traitent de la même manière. On feme leurs fruits en automne , dès qu'ils font mûrs, ou bien on les conferve dans du fable pendant l'hiver , ayant foin de les garantir de la voracité des mulots & autres animaux deftructeurs , & on les répand au printems fur une terre meuble & humide , à trois pouces environ de profondeur. Cette faifon eft préférable à l'autre, en ce que les chataignes font à l'abri de tout dommage pendant le mauvais tems, & plus difpofées à germer à l'époque des femis.

Le hêtre pourpre fe greffe en écuffon , mais plus fûrement en approche , fur le hêtre ordinaire.

Les bonnes efpèces de chataigniers s'obtien-

nent par la greffe en flûte au retour de la feve,
c'eſt-à dire, vers le commencement d'Avril , ſur
le chataignier commun. Les terrains ſablonneux
& profonds lui conviennent.

Le *chinquapin* eſt encore bien rare en France,
ſoit que ſes ſemences germent difficilement,
que les plants nous parviennent en mauvais
état, ou que notre ſol ne lui ſoit point favorable. Quoiqu'on le trouve en Amérique dans
toutes ſortes de terrains , il croît cependant
mieux, & devient plus grand au bord des ruiſſeaux & dans des endroits marécageux. Pour
recevoir de bonnes graines de cet arbriſſeau,
il faut qu'elles aient été diſpoſées lits par lits
avec de la mouſſe dans des caiſſes bien fermées,
ou mêlées avec du ſable ſec. Quant aux plants ,
il ſera convenable de tremper leurs racines dans
un baquet, où l'on aura délayé de la terre franche dans une certaine quantité d'eau : on laiſſera
ſecher l'enduit ſur les racines , & on l'envélop-
pera enſuite de mouſſe fraîche. Ces arbres,
placés avec ſoin dans des caiſſes , & leurs intervalles garnis également de mouſſe , peuvent
ſupporter un long trajet , & reprendre avec
facilité.

N. B. Ce procédé devroit être employé pour
toutes les eſpèces d'arbres un peu précieuſes.

FOTHERGILLA.

(De même en François & en Anglois.)

Claſſ. 13. Ordre 2. Polyandrie Digynie.

CAL. *Périanthe*, une pièce, velu, à cinq dents.
Corolle nulle.
Etam. *Filets*, 16--18, inférés au calice, longs, courbés, amincis vers la baſe. *Anthères* petites.
Piſt. *Germe* oblong, velu, bifide. Deux *ſtyles*. Deux *ſtigmates*.
Per. *Capſule* oblongue, deux loges.
Sem. ſolitaires, oblongues, oſſeuſes.

FOTHERGILLA *Gardeni.* LINN. Fothergilla de Caroline. *Carolinian Fothergilla.*

Ce joli petit arbriſſeau croît naturellement en Caroline, ſur les bords des ſavanes ou étangs : il trace beaucoup. Ses tiges minces s'élèvent pluſieurs enſemble d'une même racine, à la hauteur de deux ou trois pieds ; ſes branches ſont alternes, petites & éparſes. Ses feuilles ſont ovales, un peu dentées vers l'extrémité, & auſſi alternes ; ſes fleurs ſont diſpoſées en épis terminaux, ſeſſiles, portant chacune une braĉtée ou feuille florale, ovale, dure à l'extérieur, plus longue que le calice, & fixée à ſa baſe. Elles paroiſſent de bonne heure au printems ; leur grand nombre, & leurs longues étamines blanches les rendent très agréables. Ses capſules reſſemblent beaucoup à celles de l'*hamamelis*, mais elles ſont plus petites.

Cet arbuste, dans quelques uns des derniers Catalogues, a été appellé *Youngsonia*, en l'honneur de M. Jacques Young, Botaniste de Pensylvanie ; mais Linné l'a nommé *Fothergilla*, en l'honneur du feu docteur Fothergill, de Londres. Il a été envoyé de Caroline en Europe, par M. Jean Bartram, à son ami M. Collinson, sous la dénomination de *Gardenia* (1).

Culture. Nous n'avons pas encore été à même de multiplier ce petit arbrisseau par les graines ; mais il réussira bien de marcotes. Il se plaît dans une terre de bruyere fraîche, & à une exposition ombragée.

FRANKLINIA.

(De même en François & en Anglois.)

Class. 16. Ordre 5. Monadelphie Polyandrie.

Cal. *Périanthe*, une pièce, cinq dents : *découpures* arrondies.
Cor. *Pétales*, cinq, grands, ouverts, arrondis, rétrécis vers les onglets, réunis à la base.
Etam. *Filets* nombreux, en forme d'alêne, réunis en cylindre à leur partie inférieure, insérés à la corolle. *Anthères* doubles.
Pist. *Germe* arrondi, légèrement sillonné. *Style* cylindri-

---

(1) Son nom spécifique varie dans plusieurs Catalogues. Dans quelques-uns, il porte celui de *fothergilla speciosa* : on trouve dans Murray, qu'il est nommé *fothergilla alnifolia* ; mais je pense qu'il vaut mieux le laisser tel qu'il est dans le Catalogue de M. Marshall, d'autant qu'il est d'accord avec Linné. *Spec. pl.* Edit. de Reichard, 1779.

que *,* plus long que les étamines. *Stigmate* obtus *;* rayé.

Per. noix arrondie, à cinq loges.

Sem. en forme de coin, plufieurs dans chaque loge.

FRANKLINIA *alatamaha.* De même en François & en Anglois.

(Catalogue de *Bartram.*)

Bel arbriffeau à fleur, dont le tronc droit s'élève à la hauteur d'environ vingt pieds. Ses feuilles font oblongues, rétrécies vers fa bafe, dentées, alternes, feffiles ; fes fleurs font axillaires aux feuilles, difpofées vers l'extrémité des branches : elles ont fouvent cinq pouces de diamètre lorfqu'elles font bien épanouies, & font compofées de cinq pétales, grands, arrondis, étendus & ornés dans le centre d'une toufle ou couronne d'étamines de couleur d'or. Leur odeur eft femblable à celle de l'orange de la Chine. Cet arbriffeau rare & nouvellement découvert, a été premièrement obfervé par M. Jean Bartram, lorfqu'il faifoit fes recherches botaniques fur la riviere Alatamaha dans la Géorgie, en l'année 1760 ; mais il n'a été apporté en Penfylvanie, qu'environ quinze ans après, lorfque fon fils, William Bartram, eut fait les mêmes recherches, revu l'endroit où il avoit d'abord été obfervé, & joui de plus, de la douce fatisfaction de l'examiner dans fon fol naturel, paré de toutes fes fleurs, & portant en même tems des fruits mûrs. Il en recueillit quelques-uns, qu'il porta chez lui, & en obtint plufieurs plantes, qui fleuri rent quatre ans après , & donnèrent des graines mûres l'année d'enfuite.

Il paroît fe rapprocher du genre du *gordonia*, auquel il a été joint dans quelques-uns de nos derniers Catalogues : mais M. William Bartram, qui l'a apporté le premier , penfant qu'il devoit faire une nouveau genre , lui a donné le nom de *Franklinia*, en l'honneur du docteur Benjamin Franklin, homme d'un mérite diftingué , & le protecteur des fciences. Son nom trivial eft celui de la riviere , fur les bords de laquelle il a été trouvé , & où il croît dans un terrain léger , fa-blonneux & humide.

Culture. Nous avons femé plufieurs fois des graines de *franklinia ;* mais le mauvais état dans lequel elles nous font parvenues , en a toujours empêché la germination. On ne peut en efpérer du fuccès, qu'autant qu'elles auront acquis leur parfaite maturité , & qu'elles nous feront expé-diées bien conditionnées. Jufqu'alors , on doit préférer d'en recevoir des plants, que l'on met-tra dans les terrains qu'indique M. Marfhall , en obfervant toutefois qu'ils foient ombragés. Ils profpéreront au bord des marais & des ruiffeaux. Comme le climat de la Géorgie eft plus chaud que celui des Provinces feptentrionales, il faudra protéger les jeunes arbres des rigueurs de l'hiver pendant les premières années.

F R A X I N U S.

F R Ê N E.

The Ash-Tree.

Claſs. 23 , Ordre 2. Polygamie Dioécie.

*FLEURS hermaphodites.

Cal. nul , ou *périanthe*, une pièce , à quatre diviſions ; droit , aigu , petit.

Cor. nulle ou *pétales*, quatre , linéaires, longs , aigus, droits.

Etam. *filets*, deux , droits, beaucoup plus courts que la corolle. *Anthères* droites , oblongues , marquées de quatre ſillons.

Piſt. *germe*, ovale , comprimé. *Style* cylindrique , droit. *Stigmate* renflé , bifide.

Per. nul , ſi ce n'eſt l'enveloppe de la ſemence.

Sem. lancéolée , comprimée-membraneuſe , à une loge.

*Fleurs femelles , comme dans les hermaphrodites , point d'étamines.

1. FRAXINUS *Americana.* Frêne d'Amérique.

Carolinian or Red Ash.

Cet arbre croît à la hauteur de vingt à trente pieds, & ſe diviſe en pluſieurs branches , dont les petites ſont pour l'ordinaire oppoſées. Ses feuilles ſont compoſées de trois ou quatre paires de folioles , terminées par une impaire , ovales, aiguës ; leur ſurface ſupérieure eſt d'un verd clair, & l'inférieure couverte d'un duvet blanc, aſſez court. Ses ſemences ſont grandes & légèrement colorées.

2. **FRAXINUS** *alba.* Frêne blanc. *American White Ash.*

Cet arbre a quelquefois quarante ou cinquante pieds de haut, & dix-huit pouces & plus de diamètre. Il reſſemble beaucoup au premier ; mais ſes feuilles ſont plus larges, & ſes graines plus étroites. Son bois eſt très-eſtimé par les charrons, les faiſeurs de voitures, & autres. On en fait des jantes de roue, des flêches, &c.

3. **FRAXINUS** *nigra.* Frêne noir. *Black Ash.*

Cette eſpèce croît dans les lieux humides, à la hauteur de trente pieds, ou davantage. Son écorce eſt rude & un peu colorée ; ſes branches ſont en petit nombre, & portent, principalement à leur extrémité, des feuilles compoſées de quatre paires de folioles, avec une impaire : elles ont la même forme que celles des eſpèces précé-dentes ; mais elles ſont plus petites & plus finement dentées. Ses ſemences ſont grandes, applaties, & d'une largeur égale ſur toute leur longueur.

4. **FRAXINUS** *Penſylvanica.* Frêne de Penſyl-vanie. *Penſylvanian Sharp-keyed Ash.*

Cet arbre s'élève à la hauteur de trente pieds ou davantage ; ſa tête eſt garnie d'un grand nombre de branches. Ses feuilles reſſemblent beau-coup à celles du frêne blanc ; ſes ſemences ſont diſpoſées en grandes panicules ſur les côtés

des branches ; & près de leur extrémité ; elles
font plus longues, & plus étroites que celles des
efpèces précédentes , & fe terminent un peu en
pointe à leur bafe. Son bois eft auffi très-eftimé,
& employé aux mêmes ufages que celui du frêne
blanc.

Culture. Tous les frênes fe cultivent de la
même manière. On feme leurs graines en automne, dès qu'elles font mûres : elles levent le
printems fuivant ; au lieu que fi l'on attendoit
cette dernière faifon, on courroit rifque de ne
les voir paroître que la feconde année : c'eft ce
qui arrive pour l'ordinaire aux femences que
l'on envoie de l'Amérique. Ne pouvant les recevoir que vers la fin de l'hiver , ou au commencement du printems, on eft forcé de les femer
alors , auffi ne germent-elles le plus fouvent
qu'un an après. Pour parer à cet inconvénient,
il feroit à propos de recommander aux perfonnes
chargées de faire les envois , de les mettre
dans des boîtes avec du fable , ou bien lits par
lits avec de la mouffe.

Si toutefois on étoit bien aife de ne femer
qu'au printems , les graines que l'on auroit pu
fe procurer en automne, il faudroit les mettre
par couches, avec du fable ou de la terre sèche,
& les garder ainfi jufqu'au mois de Mars. Cette
précaution les difpofera à germer en peu de tems.
Je crois néanmoins que la première méthode
doit avoir la préférence.

Toutes les efpèces rares fe greffent en écuffon
fur le frêne ordinaire ; mais les fujets venus de
graines, feront toujours plus beaux.

Les frênes fe plaifent dans les terrains aquatiques & même fubmergés; on en voit cependant
croître fur des hauteurs, & dans des lieux arides
en apparence, mais où l'on trouveroit, en fouil-
lant à plus ou moins de profondeur, des bancs
de glaife qui entretiennent une certaine humidité. Ces arbres fervent à la décoration des
jardins : on les emploie dans les grandes plantations.

GAULTHERIA.

GAULTHER.

Gaultheria , or Mountain tea.

Clafs. 10. Ordre 1. Décandrie Monogynie.

Cal. *périanthe*, double, rapproché, perfiftant.
P. *extérieur*, deux pièces , plus court : *folioles* demi-
ovales , concaves, obtufes.
P. *intérieur*, une pièce, cinq dents , en cloche : *fegmens*
femi-ovoïdes.
Cor. monopétale , ovale, à cinq dents : *limbe* petit,
roulé.
Nectaire, embrions , dix, en forme d'alêne , droits,
très-courts, entourans le germe parmi les étamines.
Etam. *filets* , dix, en forme d'alêne , recourbés, plus
courts que la corolle , inférés au réceptacle. *Anthères*,
deux cornes, deux dents.
Pift. *germe* arrondi , avec enfoncement. *Style* cylindrique , de la longueur de la corolle. *Stigmate* obtus.
Per. *capfule* arrondie , obtufe, cinq angles, avec enfoncement, cinq loges , cinq valves, recouverte de tout
côté par le *périanthe* intérieur, qui devient une baie
arrondie, colorée, ouverte au fommet.
Sem. nombreufes , un peu ovales, anguleufes , offeufes.

GAULTHERIA

GAULTHERIA *procumbens*. **LINN.** Gaulther rampant, *ou* Thé de montagne. *Canadian Gaultheria, or Mountain Tea.*

Les tiges de cette plante font minces, s'élevent rarement au deffus de cinq à fix pouces, & portent à leur fommet quatre ou cinq feuilles ovales, toujours vertes, avec quelques petites dentelures. Ses fleurs font blanches & axillaires; il leur fuccède des baies rouges dans leur maturité. Ses feuilles ont été employées en guife de *the bou*; ce qui lui a fait donner le nom de *the de montagne* (1).

GLEDITSCHIA.

FÉVIER.

Triple-thorned Acacia, or Honey locuft.

Clafs. 23. Ordre 2. Polygamie Dioécie.

FLEURS *mâles* & hermaphrodites fur le même individu, & fleurs femelles fur des individus féparés.

* Fleurs mâles, chatons alongés, férrés, cylindriques.

Cal. *Périânthe propre*, trois pièces : *folioles* ouvertes, petites, aiguës.

Cor. *pétales*, trois, arrondis, feffiles, ouverts, en coupe. *Nectaire* en forme de poire, à l'ouverture duquel font attachées les autres parties de la fructification.

Etam. *filets*, fix, filiformes, de la longueur de la corolle. *Anthères* vacillantes, oblongues, comprimées, doubles.

______

(1) Cette plante n'eft recommandable que par la propriété que peuvent avoir fes feuilles : elle offre d'ailleurs peu d'agrément. Il eft difficile de la conferver dans les jardins; elle fe plaît dans les terrains marécageux & de tourbes : on la multiplie plus par les marcotes, que par les graines. Nous la recevons pour l'ordinaire en plants d'Amérique : elle fe trouve près de New-Yorsk.

F

* Fleurs *hermaphrodites* portées fur le même chaton que les mâles, le plus fouvent terminales.

Cal. *périanthe*, à quatre dents. Le refte comme dans les mâles.

Cor. *pétales*, quatre. Le refte comme dans les mâles. *Nectaire* & étamines comme dans les mâles.

Pift. Per. & Sem. Comme dans les femelles.

* Fleurs *femelles*, chatons ferrés fur des individus féparés.

Cal. *périanthe propre*, comme dans les mâles, mais à cinq pièces.

Cor. *pétales*, cinq, longs, aigus, un peu ouverts.

Pift. *germe*, large, comprimé, plus long que la corolle. *Style* court, réfléchi. *Stigmate* épais, de la longueur du *ftyle*, où il prend naiffance, velu vers fon extrémité.

Per. *légume* très-grand, large, très-comprimé ; cloifons nombreufes-tranfverfales ; intervalles remplis de pulpe.

Sem. folitaires, arrondies, dures, luifantes.

1. GLEDITSCHIA *triacanthos*. LINN. Février à épines à trois pointes. *Triple thorned Acacia, or Honey locuft.*

Cet arbre croît naturellement dans un bon terrain, & parvient à la hauteur de trente ou quarante pieds ; fes branches font nombreufes, & armées, ainfi que le tronc, d'épines longues de cinq à fix pouces, divifées pour l'ordinaire en trois ; les latérales font plus courtes. Ses feuilles font aîlées, compofées de dix paires, ou plus, de petites folioles, ferrées fur les côtes moyennes, & d'un verd clair ; fes fleurs font difpofées en chatons fur les côtés des jeunes rameaux, & de couleur herbacée. Il leur fuccède des légumes tortus, comprimés, longs, depuis neuf à dix pouces, jufqu'à feize ou dix-huit, & larges d'environ un pouce & demi à deux pouces, dont la moitié eſt remplie d'une pulpe douce ; & l'autre moitié renferme un grand nombre de graines dans des loges ſéparées. Ses légumes ſervent à faire une eſpèce de bierre.

2. GLEDITSCHIA *aquatica*. GLEDITSCHIA *triacanthos , var.* B. LINN. (1). Févier aquatique. *Water Acacia.*

Cette eſpèce croît naturellement en Caroline ; elle reſſemble beaucoup à la précédente ; mais ſes épines ſont en moins grand nombre , & plus courtes , ſes feuilles plus petites , ſes légumes ovales , & ne renfermant qu'une ſemence.

Culture. La première eſpèce s'eſt naturaliſée en France ; elle nous procure des graines qui réuſſiſſent à l'inſtar de celles d'Amérique : on les ſeme vers la fin de Mars , dans une planche de terre légère & meuble ; elles n'exigent après cela d'autres ſoins, que des arroſemens fréquens.

On a toujours cru qu'il étoit eſſentiel d'avoir les deux individus près l'un de l'autre , pour parvenir à récolter de bonnes ſemences ; cependant , on peut aſſurer qu'un ſeul arbre, iſolé , & éloigné même à de très-grandes diſtances d'autres du même genre (2) , produit depuis bien des années , dans la pépinière du Roi à Paris ,

______

(1) Cet arbre eſt très-rare, & mérite d'être connu. Linné en a fait une variété du *gleditſchia triacanthos* ; mais la particularité de n'avoir qu'une ſemence dans chaque gouſſe , peut, avec raiſon, la faire regarder comme eſpèce.

(2) C'eſt , ſelon toutes les apparences, l'individu qui porte des fleurs mâles & des fleurs hermaphrodites.

quantité de graines fécondes ; ce qui nous fait espérer de pouvoir bientôt le cultiver en grand. Il mérite , à quelques égards , l'attention du Cultivateur ; sa végétation est très-prompte ; ses branches souples & très-épineuses, le rendent propre à faire des haies. Il y a cependant un grand inconvénient pour les bosquets de décoration ; c'est celui de ne commencer à pousser que vers la fin de Mai, & de perdre ses feuilles de très-bonne heure en automne. Un terrain léger & profond lui convient. Son bois est dur, & peut servir à une infinité d'usages.

Il y a une variété de cet arbre qui n'a point d'épines ; Linné l'a admis comme espèce : on le trouve cependant constamment dans les plants provenus de ses semences.

GLYCINE.

GLYCINE.

Perennial Kidney Bean.

Class. 17. Ordre 4. Diadelphie Décandrie.

C A L. *périanthe* , une pièce , comprimé : *ouverture* à deux lèvres : *lèvre supérieure* , échancrée , obtuse : *lèvre inférieure* , plus longue, aiguë, à trois dents : la dent moyenne est la plus longue.

Cor. papillonnacée :
Etendard presqu'en cœur , *côtés* pliés en-dehors , dos renflé ; *pointe* échancrée , droite , éloignée de la carêne.
Ailes oblongues , ovales vers le sommet , petites , ployées vers le bas.

Carêne linéaire, en forme de faulx; relevée, preſſée contre l'étendard, obtuſe, plus large au ſommet.

Etam. *filets*, diviſés en deux paquets (un ſimple, & l'autre à neuf dents), pliés en-dehors.

Piſt. *Germe* oblong. *Style* cylindrique, roulé en ſpirale. *Stigmate* obtus.

Per. *légume* oblong.

Sem. en forme de rein.

Obſ. Le *glycine frutefcens* a deux loges dans chaque légume.

GLYCINE *frutefcens.* LINN. Glycine ligneuſe. *Carolinian Shrubby Kidney Bean.*

Cette plante eſt originaire de la Caroline ; ſes tiges ſont contournées, & s'élevent à la hauteur de dix à quinze pieds à l'aide de quelques ſoutiens. Ses feuilles aîlées ſont compoſées d'environ cinq paires de petites folioles ovales, pointues ; leur ſurface ſupérieure eſt glabre, d'un verd pâle ; l'inférieure l'eſt encore davantage. Ses bords ſont un peu recourbés & velus ; ſes fleurs ſont terminales, d'un bleu tirant ſur le pourpre. Il leur ſuccède des légumes longs, cylindriques, à deux loges, ſemblables à ceux du haricot rouge.

Culture. On obtient cette plante par les marcotes, mais mieux par ſes graines, que l'on ſeme au printems ſur couche, dans des pots remplis de terre légère & fraîche. Le jeune plant peut être repiqué l'année d'enſuite. Quoiqu'elle ſe plaiſe dans un terrain humide, elle ne laiſſe pas que de croître aſſez bien dans un ſol léger & chaud. Il faut la garantir des gelées pendant les premières années.

On la trouve auſſi en Virginie, & dans d'autres parties de l'Amérique ſeptentrionale.

GUILANDINA.

CNIQUIER, ou BON-DUC,

The Bon-duc, or Nickar tree.

Claſs. 10. Ordre 1. Décandrie Monogynie.

Cal. *périanthe*, une pièce, en ſoucoupe ; *limbe à cinq diviſions, égales, ouvertes.*

Cor. *pétales*, cinq. lancéolées, concaves, ſeſſiles, preſque égaux, un peu plus grands que le calice, inſérés à ſon col.

Etam. *Filets*, dix, en forme d'alêne, droits, inſérés au calice, plus courts que lui, alternativement plus petits. *Anthères* obtuſes, mobiles.

Piſt. *germe*, oblong. *Style* filiforme, de la longueur des étamines. *Stigmate* ſimple.

Per. *légume* rhomboïde, ſuture ſupérieure convexe, renfle, comprimé, à une loge, & remarquable par ſes cloiſons tranſverſales.

Sem. oſſeuſes, globuleuſes-comprimées, ſolitaires entre les cloiſons.

Obſ. On trouve une eſpèce *dioïque.*

Guilandina *dioïca.* Linn. Cniquier dioïque. *Carolinian dioiceous Bon-duc, or Nickar Tree.*

On croit que cet arbre parvient à la hauteur de trente pieds ou davantage. Son tronc eſt droit, diviſé en pluſieurs branches recouvertes d'une écorce liſſe, de couleur cendrée, bleuâtre.

Ses feuilles font grandes , aîlées, avec des folioles alternes , ovales, très-glabres & entières.

J'ai reçu, depuis peu, quelques graines de
Kentucky , que l'on croyoit être de cet arbre :
on dit qu'il y croît en abondance , & qu'il y eſt
appelé l'*arbre de café* , ou *Mahogany*.

Culture. Quoique l'on nous envoie rarement
d'Amérique des graines de cet arbre , il ne laiſſe
pas que d'être aſſez commun , par la facilité avec
laquelle il ſe perpétue de racines. Si l'on arrache
un vieux pied de *bon duc* , & qu'on laiſſe ouvert
le trou dans lequel il étoit planté , on verra
ſortir un grand nombre de rejetons , qu'il faudra lever en automne ou au printems, & mettre
en pépiniere dans un terrain léger & un peu
humide. Ses ſemences ſe conſervent très long-
tems en terre ; elles ne germent quelquefois
qu'au bout de trois ou quatre ans.

Lorſqu'il eſt dégarni de feuilles pendant l'hiver , ſes branches paroiſſent avoir été étronçon-
nées ; ce qui lui a fait donner le nom de *chicot.*
Il pouſſe très-tard au printems.

H A L E S I A.

H A L E S I A.

Haleſia , or Silver-Bell tree.

Claſs. 11. Ordre 1. Dodécandrie Monogynie.

CAL. *périanthe* , une pièce , très-petit , ſupérieur , à cinq
diviſions , perſiſtant.
Cor. *Monopétale* , en cloche , renflée : *ouverture* à quatre
lobes , obtuſe , élargie.

Etam. *filets*, douze, (rarement feize) en forme d'alêne, droits, un peu plus courts que la corolle. *Anthères* oblongues, obtufes, droites.

Pift. *germe* oblong, inférieur. *Style* filiforme, plus longs que la corolle. *Stigmate* fimple.

Per. *noix* corticale, oblongue, rétrécie de chaque côté, quatre angles membraneufes, deux loges.

Sem. folitaires.

1. HALESIA *diptera.* Halefia à fruit à deux aîles. *Two-winged fruited Halefia.*

On trouve eet arbre en Caroline, où il parvient à la hauteur de douze à quinze pieds. Son écorce eft agréablement panachée, & reffemble beaucoup à celle de l'érable à écorce jafpée. Ses feuilles grandes & ovales font portées fur des pétioles glabres; fon fruit eft aigu & garni de deux grandes aîles oppofées, & deux très-petites.

2. HALESIA *tetraptera.* Halefia à fruit à quatre aîles. *Four-winged fruited Halefia.*

Cette efpèce fe trouve auffi en Caroline, & reffemble beaucoup à la précédente; mais fes feuilles font plus petites, légèrement dentées, cotonneufes en-deffous, & portées fur des pétioles glanduleux. Ses fleurs naiffent fur les petites branches, quelquefois feules, mais fouvent trois ou quatre enfemble, fur des pédoncules affez longs : elles font blanches, pendantes, & en forme de grelots. Il leur fuccède des fruits pointus, garnis de quatre aîles.

Culture. L'*Halefia* commence à fe naturalifer

dans nos jardins ; il y produit chaque année de bonnes graines. On les feme en plein air , dans une terre fraîche , légère , & à une expofition ombragée. Lorfque les arbres font forts, ils veulent un terrain plus fubftantiel. Le tems le plus favorable pour les femis & plantation, eft le printems. Il faut avoir foin de conferver les graines dans du fable pendant l'hiver. Malgré cette précaution , elles ne levent quelquefois que la feconde année : on peut auffi femer en automne, dès que les graines ont acquis leur parfaite maturité.

HAMAMELIS.

HAMAMELIS.

Witch Hazel.

Clafs. 4. Ordre 1. Tétrandrie Digynie.

Cal. *involucre*, trois pièces , à trois fleurs : deux *folioles intérieures*, arrondies, petites, obtufes ; une *troifième* extérieure, plus grande, lancéolée.

Périanthe, double : *extérieur* deux pièces , plus petit, arrondi ; *intérieur*, quatre pièces, droit : *folioles* obtufes , oblongues, égales.

Cor. *pétales*, quatre, linéaires, égaux, très-longs, obtus, réfléchis.

Nectaire, folioles, quatre, tronquées, unies à la corolle.

Etam. *filets*, quatre, linéaires, plus courts que le calice. *Anthères*, deux cornes, ployées.

Pift. *germe*, ovale, velu, fe terminant par deux ftyles de la longueur des étamines.

Per. nul.

Sem. noix ovale, à moitié recouverte par le calice ;

obtufe, fillonnée de chaque côté au fommet; deux cornes horifontales, deux loges, deux valves.

H A M A M E L I S *Virginica.* **L I N N.** Hamamelis de Virginie. *Virginian Witch-Haʒel.*

Cet arbriffeau fe trouve dans plufieurs cantons du nord de l'Amérique. Ses racines tracent & pouffent communément plufieurs tiges, hautes de huit à dix pieds, garnies de feuilles ovales, irrégulièrement dentées, liffes en deffus, & velues en deffous ; fes fleurs font ordinairement portées trois à trois fur chaque pédoncule, d'une couleur herbacée, peu agréables, mais remarquables, en ce qu'elles fe confervent long-tems dans l'automne, après la chute des fleurs.

Culture. L'*hamamelis* eft très-abondant aux environs de New-Yorck, d'où il fera facile de s'en procurer des plants & des graines. On les feme de bonne heure au printems, ou même en automne, dans une terre légère, fraîche, & à une expofition ombragée : elles ne levent pour l'ordinaire que la feconde année. Cet arbriffeau eft encore affez rare, & ne fe trouve guères que dans les jardins des curieux.

H E D E R A.

L I E R R E.

Ivy.

Clafs. 5. Ordre 1. Pentandrie Monogynie.

CAL. *involucre* de l'ombelle, fimple, très-petit, à plufieurs dents. *Périanthe*, très-petit, à cinq dents, entourant le germe.

Cor. *pétales*, cinq, oblongs, ouverts, recourbés vers le
fommet.

Etam. *filets*, cinq, en forme d'alêne, droits, de la
longueur de la Corolle. *Anthères* bifides à la bafe,
mobiles.

Pift. *germe*; en forme de poire, enveloppé par le réceptacle. *Stile* fimple, très court. *Stigmate* fimple.

Per. *baie*, globuleufe, à une loge.

Sem. cinq, grandes, renflées d'un côté, anguleufes de
l'autre.

Obf. Les caractères de l'*hedera quinque folia* diffèrent
de ceux-ci, en ce qu'il n'y a que quatre pétales, quatre
étamines plus courtes que la corolle, & un ftyle de la
longueur des étamines.

HEDERA *quinque folia.* LINN. Vigne vierge.
American Ivy, or *Virginian Creeper.*

La tige de cette plante eft grimpante, s'attache d'elle-même à tout ce qui l'entoure, & s'é-
lève fouvent à la hauteur de quarante à cinquante
pieds. Ses feuilles font palmées, portées fur des
pétioles affez longs; les lobes font ovales, dentées en fcie. On plante cette vigne contre des
murs pour les couvrir; mais comme fes feuilles
tombent l'hiver, elle eft peu agréable dans cette
faifon.

Culture. On la multiplie de femences, de
marcotes & de boutures; tous les terrains lui
conviennent : elle eft très-propre à garnir des
berceaux.

HIPPOPHAE.

RHAMNOIDE.

Sea Buck-Thorn, or Sallow-Thorn.

Claſs. 22. Ordre 4. Dioécie Tétrandrie

* F L E U R S mâles.
Cal. *périanthe*, une pièce, à deux diviſions, bivalve ;
   entier à la baſe : diviſions arrondies, obtuſes, con-
   caves, droites, rapprochées vers le ſommet, ouvertes
   par les côtés.
Cor. nulle.
Etam. *filets*, quatre, très-courts. *Anthères* oblongues ;
   anguleuſes, à peu près de la longueur du calice.
   * Fleurs femelles.
Cal. *périanthe*, une pièce, ovale-oblong, tubulé, en
   forme de maſſue, ouverture à deux dents, caduque.
Cor. nulle.
Piſt. *germe*, arrondi, petit. *Style* ſimple, très-court.
   Stigmate un peu épaiſſi, oblong, droit, deux fois plus
   long que le calice.
Per. *baie*, globuleuſe, à une loge.
Sem. une, arrondie.

H I P P O P H A É *Canadenſis*. L I N N. Rhamnoïde
   de Canada. *Canadenſis Sea-Buck-Thorn.*

Cet arbriſſeau s'élève à la hauteur de huit à
dix pieds ; ſes branches ſont nombreuſes, irrégulières, couvertes d'une écorce brune, dont
le deſſus eſt argenté. Ses feuilles ſont étroites,
ovales, d'un verd obſcur en deſſus, chargées
de poils en deſſous, réfléchies ſur les bords,
comme les feuilles de romarin. Ses fleurs ſont

axillaires fur les côtés des jeunes rameaux : les
mâles font difpofées en petites grappes , les femelles font folitaires : elles paroiffent en Juillet,
& n'offrent rien d'agréable. Les baies font arrondies , mûres en automne , & paffent pour être
purgatives.

Culture. On multiplie cette efpèce de femences , de marcotes , mais mieux de rejetons que
fes racines produifent en abondance. Elle s'accommode de toutes fortes de terrains. Celle de
l'Europe en differe peu ; elle a feulement les
feuilles moins larges & moins courtes.

H O P E A.

H O P É A.

Claf. 18. Ordre 4. Polyadelphie Polyandrie.

Cal. *périanthe* , une pièce, en cloche , à cinq dents:
découpures , ovales , obtufes, perfiftantes.
Cor. *pétales* , cinq , oblongs , concaves , réunis à la bafe
par les faifceaux d'étamines.
Etam. *filets* , nombreux, filiformes , plus longs que la
corolle , réunis en cinq corps à la bafe. *Anthères* quadrangulaires.
Pift. *germe* , inférieur , arrondi. *Style* s'épaiffiffant par
degrès , de la longueur de la corolle , perfiftant.
Stigmate un peu épaiffi, avec enfoncement oblique.
Per. *brou* , fec , ovale-cylindrique , gibbeux , couronné
par le calice.
Sem. *noyau* , glabre , à trois loges , prolongé en pointe
obtufe.
Obf. Deux loges du noyau avortent fouvent & s'obli-
tèrent ; ce qui annonça de l'affinité avec le ftyrax.

N. B. Ce genre intéreffant ne fe trouve point

dans le Catalogue de M. Marshall ; il croît cepen-
-dant en Caroline ; & dans quelques autres parties
de l'Amérique feptentrionale. Je penfe qu'on ne
fera pas fâché de le rencontrer parmi les arbres
du même climat.

HOPEA *tinctoria*. Hopéa des Teinturiers. *Caro-
roliniam Hopea.*

Cet arbre s'élève à la hauteur de trente pieds :
il ne fe plaît que dans les marais. Ses feuilles font
alternes, pétiolées, fimples, oblongues, un peu
dentées en fcie, luifantes ; fes fleurs font nombreufes, d'un beau pâle, agréables à la vue & à
l'odorat. Il leur fuccède des baies ovales : le
noyau eft de même forme.

Le fuc & les feuilles fourniffent une belle
couleur pour teindre en jaune.

Culture. Il eft fort rare & difficile à élever dans
nos jardins : on le multiplie de femences ; mais
comme elles ne réuffiffent prefque jamais, on
doit préferer de le demander en plant.

HYDRANGEA.

(*De même en François & en Anglois.*)

Claf. 1. Ordre 2. Décandrie Digynie.

C AL. *périanthe*, une pièce, à cinq dents, petit, perfiftant.
Cor. *pétales*, cinq, égaux, arrondis, plus grands que le
calice.
Etam. *filets*, dix, plus longs que la corolle, alternati-

vement plus grands entre eux. *Anthères* arrondies, doubles.

Pift. *germe*, arrondi, inférieur. *Styles*, deux, courts, éloignés. *Stigmates*, obtus, perfiftans.

Per. *capfule* arrondie, double, formant deux becs par le ftyle double, rendue anguleufe par des nervures nombreufes, couronnée par le calice, à deux loges, formées par la cloifon tranfverfale, s'ouvrant entre les cornes.

Sem. nombreufes, anguleufes, aiguës, très-petites.

HYDRANGEA *arborefcens*. LINN. Hydrángea de Virginie. *Virginian Srhubby Hydrangea.*

Les racines de cet arbriffeau font ligneufes, & pouffent affez communément plufieurs tiges unies, creufes, de la même confiftance que le bois, & hautes d'environ trois pieds. Ses feuilles font oppofées, oblongues, en forme de cœur, pointues, dentées en leurs bords, & chargées d'un grand nombre de nervures. Ses fleurs font difpofées en corymbe à l'extrémité des branches, de couleur blanche, & remplacées par de petites capfules.

Culture. Cette plante fe multiplie de drageons enracinés, que l'on fépare vers la fin d'Octobre ou en Mars, & qu'il faut mettre en pépiniere dans un terrein fort & humide. Si, par hafard, fes tiges fe trouvoient endommagées, & même détruites par les fortes gelées, elle en repoufferoit de nouvelles au printems : elle n'offre rien de particulier, quant à l'agrément.

(96)

HYPERICUM.

MILLE-PERTUIS.

St. John's Wort.

Claſs. 18. Ordre 4. Polyadelphie Polyandrie.

CAL. *périanthe*, cinq diviſions: *découpures* un peu ova-les, convexes, perſiſtantes.

Cor. *pétales*, cinq, oblongs-ovales, obtus, ouverts, en roue, ſuivant le mouvement du ſoleil.

Etam. *filets*, nombreux, capillaires, réunis à leur baſe, en trois ou cinq corps. *Anthères* petites.

Piſt. *germe* arrondi. *Styles*, trois (quelquefois 1, 2, 5), ſimples, écartés, de la longueur des étamines. *Stig-mates* ſimples.

Per. *Capſule* arrondie: nombre des loges égal à celui des ſtyles.

Sem. nombreuſes, oblongues.

HYPERICUM *Kalmianum*. LINN. Mille-pertuis de Kalm. *Virginian Shrubby Hypericum.*

Cette plante croît naturellement dans des lieux bas & humides. Ses tiges ligneuſes s'élè-vent à la hauteur de trois à quatre pieds; ſes branches ſont oppoſées & anguleuſes: ſes feuil-les ſont glabres, ſemblables à celles du romarin ou de la lavande. Ses fleurs ſont terminales, dif-poſées en petites grappes, de trois ou ſept fleurs: elles ont chacune cinq ſtyles très-minces. Il leur ſuccède des capſules ovales, pointues, rem-plies de petites graines.

Culture. Les ſemences de cette plante ſont aſſez

difficiles

difficiles à faire profpérer : on les répand dans
une terre légere , fraîche , & à une expofition
ombragée. La voie de multiplication la plus généralement employée , eft celle des rejetons ,
que l'on fépare au printems , pour les repiquer
dans une planche en pépiniére : on peut auffi
marcoter fes branches inférieures ; quelques
arrofemens dans les tems fecs , hâteront leur
reprife.

Elle eft affez agréable , & fleurit en Juin; fes
fleurs font d'un beau jaune.

I L E X.

H O U X.

The Holly Tree.

Claff. 4. Ordre 3. Tétrandrie Tetragynie.

Cal. *périanthe* , à quatre dents , très-petit ; perfiftant.
Cor. monopétale , à quatre divifions , en roue : *décou-*
pures arrondies , concaves , ouvertes , affez grandes ,
réunies par les onglets.
Etam. *filets* , quatre , en forme d'alène , plus courts que
la corolle. *Anthéres* petites.
Pift. *germe* arrondi. *Style* nul. *Stigmates* , quatre ,
obtus.
Per. *baie* arrondie , à quatre loges.
Sem. folitaires , offeufes , oblongues , obtufes , renflées
d'un côté , anguleufes de l'autre.

Obf. Dans quelques efpèces de houx , les fleurs font
mâles fur un individu , & femelles & hermaphrodites
fur d'autres.

※

G

1. I L E X *aquifolium.* Houx ordinaire d'Amérique. *American Common Holly.*

Cet arbre eſt commun dans les terrains humides du Maryland, de New-Jerſey, &c. Son tronc
eſt droit, haut d'environ quinze à vingt pieds,
couvert d'une écorce liſſe, grisâtre; ſes branches
ſont nombreuſes, ſes feuilles ſont épaiſſes, dures, toujours vertes, ondulées ſur les bords;
chaque dentelure eſt terminée par une épine
roide, garnie de piquants. Ses fleurs ſont portées ſur d'aſſez longs pédoncules; la corolle eſt
blanche, diviſée pour l'ordinaire en cinq ou ſix
parties, & renfermant cinq ou ſix étamines. Ses
baies ſont arrondies, rouges lorſqu'elles ſont
mûres. Son écorce ſert à faire de la glu, qui eſt
ſupérieure à celle faite avec le gui (1).

2. I L E X *caſſine.* **LINN.** Houx de la Caroline.
Dahon, or Carolinian Holly.

Cet arbre eſt originaire de la Caroline; ſon
tronc eſt droit, branchu, haut de dix huit à
vingt pieds : l'écorce de ſa tige eſt brune, mais
celle des branches eſt verte & liſſe. Ses feuilles
lancéolées ont au-delà de quatre pouces de longueur, & un pouce & quart de largeur vers la
baſe : elles ſont d'un verd clair, d'une conſiſtance épaiſſe, dentées en ſcie vers la pointe;
chaque dentelure ſe termine par une petite

---

(1) Cette eſpèce reſſemble beaucoup à notre *houx des bois*; mais ſes
feuilles ſont moins contournées, & les piquans plus rares.

épine aiguë. Ses fleurs sont disposées en grappes
serrées, sur les côtés des branches, & semblables à celles du houx ordinaire, mais plus petites ; il leur succède de petites baies rouges &
arrondies.

3. ILEX *Canadensis.* Houx de Canada. *Canadian
or Hedge-hog Holy.*

Les feuilles de cette espèce ne sont pas aussi
longues que celles du houx ordinaire ; mais
elles sont armées d'épines plus longues, plus
serrées entre elles ; leurs surfaces sont aussi garnies de plus de piquants, ce qui lui a fait donner le nom de *houx haie de chien.* Elle est originaire de Canada : on dit qu'il s'en trouve deux
variétés ; l'une à feuilles panachées de jaune, &
l'autre à feuilles panachées de blanc.

Culture. Toutes les espèces de houx se perpétuent par les marcotes, la greffe en écusson, &
les semences que l'on met en terre dès l'automne
ne : elles ne germent pour l'ordinaire que le se-
cond printems suivant. Comme les baies renferment plusieurs graines, il sera bon de les
diviser avant de les semer. Tout le procédé con-
siste à les faire tremper quelque tems, & à les
froisser ensuite fortement avec les mains, ou de
toute autre manière.

Les graines de la seconde espèce lèvent facilement. Semées au printems, elles germent souvent l'été d'ensuite ; mais les jeunes plantes sont
délicates, & supportent avec peine en pleine
terre la rigueur de notre climat. Il en est de
même de la troisième espèce;

I T É A.

(De même en Anglois & en François.)

Claſſ. 5. Ordre 1. Pentandrie Monogynie.

Cal. *périanthe*, une pièce , à cinq dents , droit, aigu , très-petit, perſiſtant : *découpures* aiguës , colorées.

Cor. *pétales*, cinq , lancéolés , longs , inférés au calice.

Etam. *filets*, cinq , en forme d'alêne , droits , de la longueur de la corolle, inférés au calice. *Anthères* arrondies , mobiles.

Piſt. *germe*, ovale. *Style* cylindrique, perſiſtant, de la longueur des étamines. *Stigmate* obtus.

Per. *capſule*, ovale, beaucoup plus longue que le calice , rendue aiguë par le ſtyle, à une loge, à deux valves, s'ouvrant par le ſommet.

Sem. nombreuſes , très-petites , oblongues , luiſantes.

Itea *Virginia.* Linn. Itéa de Virginie. *Virginian Itea.*

Cet arbriſſeau ſe trouve dans le Maryland , la Virginie , & dans d'autres cantons , auprès des ruiſſeaux , ou dans des lieux humides ; il s'élève à la hauteur de huit à dix pieds. Ses feuilles ſont lancéolées , alternes , légèrement dentées en ſcie , & d'un verd clair. Ses fleurs ſont diſpoſées en épis, longs de trois à quatre pouces, à l'extrémité des jeunes pouſſes de l'année, blanches , & très-agréables lorſqu'elles ſont épanouies. Il fleurit un peu avant le tems de la moiſſon (1).

Culture. On le multiplie de marcotes & de

---

(1) Dans notre pays , il fleurit vers le commencement de Juillet.

rejetons ; ſes graines levent difficilement : on
doit préférer de le faire venir en plant. Il trace
beaucoup, & ne peut réuſſir que dans des terrains
eſſentiellement humides.

J U G L A N S.

N O Y E R.

The Walnut Tree.

Claſs. 21. Ordre 8. Monoécie Polyandrie.

* FLEURS *mâles* diſpoſées en chatons oblongs.
Cal. *chaton commun*, imbriqué lâchement de tous côtés ;
cylindrique ; *écailles* uniflores, fixées une à une au
centre extérieur de chaque corolle, réfléchies en-
dehors.
Cor. ſix diviſions, elliptiques, égales, planes : *découpures*
droites-concaves, portées ſur un pivot, inſérées à
l'axe & au centre intérieur de la corolle.
Etam. *filets*, nombreux (dix-huit), très-courts. *Anthères*
droites, aiguës, de la longueur du calice.
* *Fleurs femelles* ſans chaton, réunies deux ou trois enſemble, ſeſſiles ſur le même individu.
Cal. *Périanthe*, à quatre dents, droit, très-court, cou-
ronnant le germe, ſe dérobant à l'œil.
Cor. quatre diviſions, aiguës, droites, un peu plus grandes que le calice.
Piſt. *germe*, ovale, grand, inférieur. *Styles*, deux, très-
courts. *Stigmates* très-grands, en forme de maſſue,
réfléchis, déchirés au ſommet.
Per. *brou*, ſec, ovale, grand, à une loge.
Sem. noix, très-grande, ſillonnée à réſeaux, compoſée
de quatre moitiés de loge. *Amande* à quatre lobes, di-
verſement ſillonnée.

G iij

1. JUGLANS *nigra*. LINN. Noyer à fruit noir,
Round black Virginian Walnut.

La hauteur de cet arbre eſt ſouvent de cinquante à ſoixante pieds , & ſon diamètre de trois
pieds ou davantage. Sa tête eſt garnie d'un grand
nombre de branches ; ſes feuilles ſont aîlées ,
compoſées de dix à douze paires de folioles ,
terminées par une impaire , liſſes , oblongues ,
pointues & dentées Lorſqu'elles ſont froiſſées ,
elles répandent, ainſi que l'écorce du fruit, une
odeur forte & aromatique. La noix eſt ronde ,
recouverte d'une écorce glabre , aſſez molle
dans ſa parfaite maturité, dure , ſillonnée , &
renfermant une amande douce & huileuſe.

2. JUGLANS *nigra oblonga.* Noyer à fruit noir
oblong. *Black oblong fruited Walnut.*

Cet arbre reſſemble ſi fort au premier , qu'on
peut à peine le diſtinguer, ſi ce n'eſt par ſes
fruits qui ſont oblongs & ovales. L'enveloppe
eſt auſſi plus rude , plus dure & d'un verd plus
foncé. Le bois de ces deux eſpèces eſt très-em-
ployé par les ménuiſiers , & autres ouvriers ,
pour faire des tables , des tiroirs, &c.

L'écorce extérieure des noix ſert à teindre la
laine & autres étoffes.

3. JUGLANS *oblonga alba.* JUGLANS *cinereà.* LINN. Noyer blanc à fruit oblong. *Butter nut, or white Walnut.*

Arbre haut d'environ vingt à trente pieds, & d'un pied & demi de diamètre. Son écorce eſt liſſe & légèrement colorée ; ſes feuilles ſont pour l'ordinaire compoſées de huit à neuf paires de folioles, avec une impaire, velues, ovales-oblongues, pointues, un peu dentées en ſcie, & plus larges que celles des autres eſpèces. Son fruit, lorſqu'il eſt mûr, eſt velu, & couvert d'une ſubſtance viſqueuſe, qui s'attache un peu aux doigts quand on le touche. Il eſt long, un peu pointu aux extrémités ; lorſqu'il eſt dégagé de ſon enveloppe, il paroît très-rude & profondé-ment ſillonné. Son amende eſt molle, douce & huileuſe. L'extrait de l'écorce fournit un pur-gatif doux & ſalutaire. On retire de l'enveloppe & des coquilles des noix, une bonne couleur brune, qui ne s'efface preſque jamais.

4. JUGLANS *alba acuminata.* Noyer à fruit blanc aigu. *Long, sharp-fruited Hickery Tree.*

Cet arbre parvient à la hauteur de quarante à cinquante pieds, avec un diamètre d'un pied & demi à deux pieds. Ses feuilles ſont ordinai-rement compoſées de trois à quatre paires de folioles terminées par une impaire. Les fruits ont environ deux pouces de longueur, & plus d'un pouce de diamètre. Leurs enveloppes s'ou-vrent généralement en quatre parties, & laiſſent

voir des noix blanches & dures, qui ont des futures oppofées aux divifions des enveloppes.
L'amande eft petite & peu douce.

5. JUGLANS *alba minima*. Noyer à fruit blanc
très-petit. *White , or Pignut Hickery.*

Le tronc de cet arbre s'éleve quelquefois à la
hauteur de quatre-vingt pieds ou davantage,
avec un diamètre de plus de deux pieds. Lorfqu'il eft jeune, fon écorce eft liffe, mais elle
devient rude & fillonnée à mefure qu'il vieillit.
Ses feuilles font le plus fouvent compofées de
cinq paires de folioles avec une impaire, & plus
étroites que celles des autres efpèces. Son fruit
eft petit, arrondi, & recouvert d'une enveloppe
très-mince, qui s'ouvre par parties. La coquille
de la noix eft auffi très-mince, & peut aifément
fe caffer avec les dents. L'amande qu'elle renferme, eft très-amère. Son bois n'eft pas fort
eftimé.

6. JUGLANS *alba odorata*. Noyer blanc odorant. *Balfam Hickery.*

Cet arbre eft auffi grand que le précédent, &
lui reffemble beaucoup. Ses noix font petites,
rondes, la coquille mince & l'amande douce;
fes branches font grêles & flexibles. Je crois que
l'on trouve une variété de cette efpèce, dont
l'écorce eft plus rude & plus fillonnée; les feuilles plus larges, les noix plus longues, les enveloppes extérieures plus épaiffes, ainfi que les
coquilles, & dont l'amande eft pour l'ordinaire

petite & ridée. Le bois de ces deux efpéces eſt dur & roide : on en fait des eſſieux de voitures , des engrenures de roues de moulin , des manches d'outils, & la plupart des inſtrumens d'agriculture.

7. J U G L A N S *alba ovata*. Noyer à fruit blanc, ovale. *Shell-barked Hickery*.

Cet arbre ſe plaît dans un terrain humide, & ſur les bords des rivières , où il croît à la hauteur de ſoixante-dix à quatre vingt pieds , avec un diamètre de plus de deux pieds. Son écorce eſt dure & écailleuſe , ſes feuilles ſont ordinairement compoſées de deux paires de folioles , terminées par une impaire , rétrécies vers la baſe , ovales, pointues & dentées. Son fruit eſt arrondi , mais plutôt applati & échancré aux extrémités; ſon enveloppe eſt très-épaiſſe , diviſée en quatre parties , & découvrant une noix , dont la coquille mince renferme une amande douce , préférée à celles des autres eſpèces. On trouve en Amérique pluſieurs variétés de cet arbre , dont quelques unes portent des noix auſſi groſſes que celles de nos noyers ordinaires.

8. J U G L A N S *pecan*. J U G L A N S *olivæ formis*. H. R. P. Noyer pacanier. *The pecan, or Illinois Hickery*.

On dit que cet arbre eſt très-abondant aux environs de la rivière des Illinois , & en d'autres parties de l'oueſt. Les jeunes arbres élevés de ſemences , reſſemblent beaucoup à nos jeunes

Pignut Hickerys (efpèce cinquième). Ses noix font petites , & les coquilles minces (1).

Culture. Tous les noyers fe multiplient par les femences : on conferve les noix dans du fable pendant l'hiver ; au printems , dès qu'elles font germées , on en coupe les radicules , pour em-pêcher qu'il ne fe forme un pivot , & on les enfonce à deux pouces de profondeur dans une terre légère , & à des diflances convenables. Deux ou trois ans après , on les tranfplante , en ayant attention de couper le moins de branches poffible. Le tems le plus favorable pour la reprife de ces arbres , eft l'automne. On peut auffi choifir cette faifon pour les femis à demeure.

Si l'on a intention de faire de grandes plan-tations de noyers pour tirer parti du bois , il faut femer les noix en place ; les arbres en fe-ront plus beaux : mais fi l'on préfere la qualité du fruit , on gagnera beaucoup à les tranf-planter.

Comme les noix que l'on feme , ne donnent pas toujours leurs mêmes efpèces , on pourra fe les procurer par la greffe en approche , en écuf-fon , & mieux par celle en flûte , que l'on fait vers la fin d'Avril , en ayant foin toutefois d'at-tendre que l'abondance de la sève foit un peu diminuée.

Le bois du noyer noir de Virginie (première

---

(1) La plupart des noyers rapportés dans ce Catalogue , nous font inconnus , attendu que nous n'avons pas encore été à même d'en ob-ferver la fructification.

efpèce) eft fort eftimé en Amérique , & préférable à celui des autres efpèces.

La noix du pacanier eft la feule qui foit très-
bonne à manger ; toutes les autres ne valent pas
nos noix d'Europe. Cet arbre a befoin d'être
protégé l'hiver , dans le tems des fortes gelées.

J U N I P E R U S,

G E N E V R I E R,

The Juniper Tree.

Claf. 22. Ordre 12. Dioécie Monadelphie.

*F LEURS *mâles.*

Cal. *chaton* coniq..e , compofé d'un axe commun , fur
lequel font placées trois fleurs en oppofition triple ; le
chaton eft terminé par la dixième : chaque fleur porte
à fa bafe une *écaille* large , courte , penchée , fixée à
l'axe par un pédicule.

Cor. nulle.

Etam. *filets* (*dans le fleuron terminal*) , trois , en forme
d'alène , réunis inférieurement en un feul corps (à
peine vifibles *dans les fleurons latéraux*). *Anthères, trois,*
diftinctes *dans le fleuron terminal* , unies aux écailles
calicinales dans les *fleurons latéraux.*

* *Fleurs femelles.*

Cal. *périanthe* , trois divifions , très-petit , uni au germe ,
perfiftant.

Cor. *pétales* , trois , perfiftans , roides , aigus.

Pift. *germe* inférieur. *Styles* , trois , fimples. *Stigmates*
fimples.

Per. *baie* , charnue , arrondie , partie inférieure , marquée
de trois tubercules oppofées , peu fenfibles (c'eft un
accroiffement du calice) , fommet ombiliqué , à trois
. dents , (ce qui conftituoit les pétales).

Sem. trois , petites , oblongues , offeufes , convexes d'un
côté , anguleufes de l'autre.

1. **JUNIPERUS** *Virginiana.* **LINN.** Genevrier de Virginie, *ou* Cèdre rouge. *Red Cedar Tree.*

Son tronc parvient souvent à la hauteur de quinze à vingt pieds (1). Ses branches sont nombreuses & divergentes ; ses feuilles ressemblent un peu à celles du genevrier ordinaire, mais elles sont plus courtes & plus serrées sur les branches. Ses baies sont aussi plus petites, & recouvertes d'une substance blanchâtre, qui prend facilement une teinte rouge.

2. **JUNIPERUS** *Caroliniana.* Cèdre rouge de Caroline (2). *Red Carolinian Cedar.*

Cet arbre ressemble beaucoup au premier par sa forme & sa grandeur ; mais ses feuilles inférieures ont un peu l'aspect de celles du genevrier, & les supérieures celles du cyprès. On dit qu'il s'en trouve d'autres variétés ; mais leur différence est à peine sensible. La durée de son bois le rend très-propre à faire d'excellens poteaux pour des enclos.

---

(1) Cet arbre atteint, selon toutes les apparences, une hauteur bien plus considérable dans quelques parties de l'Amérique, puisque plusieurs voyageurs rapportent que son bois sert à faire des poutres de la plus haute taille.

(2) Nous n'avons point encore reçu de graines ni de plants sous le nom de *cèdre de Caroline* ; ce qui nous fait présumer que cette espèce aura toujours été confondue avec le *cèdre rouge de Virginie* ; peut-être même n'en est-ce qu'une variété provenue de semences. Nous sommes d'autant plus porté à le croire, que toutes les deux croissent naturellement en Virginie.

Culture. Quelques genevriers reprennent de boutures ; mais tous fe perpétuent par leurs graines, que l'on feme en automne, dès qu'elles font mûres, dans une terre légère, & à une expofi- tion ombragée : elles ne levent pour l'ordinaire que la feconde année. Pendant cet intervalle, il eft néceffaire de farcler foigneufement les mauvaifes herbes, & d'arrofer quelquefois dans les tems fecs, pour entretenir les femences en bon état, & les difpofer à germer plus prompte- ment. Lorfque les plants auront deux ou trois ans, on les mettra en pépiniere, ayant foin de couper l'extrémité de leurs racines pivotantes : on les arrofera auffi-tôt après, fans néanmoins négliger de le faire lorfque le tems fera fec. On les laiffera dans cette pofition deux ou trois ans, après lefquels ils feront en état d'être plantés à demeure. Le tems le plus favorable pour cette opération, eft la fin de Mars, ou le commence- ment d'Avril.

Si l'on avoit intention d'envoyer à d'affez grandes diflances quelques-uns de ces arbres, il faudroit les élever en pots.

Le genevrier de Virginie eft un des arbres d'A- mérique qui mérite le plus l'attention du Cultiva- teur; il a l'avantage de croître dans les terrains les plus flériles, & où nos arbres les moins délicats ne fauroient réuffir. Sa végétation eft néanmoins bien plus active dans un fol fertile. Son bois eft regardé comme incorruptible, & fert à une in- finité d'ufages en Amérique ; il entre dans la conftruction des vaiffeaux.

Nous pouvons mettre cet arbre au nombre de ceux qui fe font naturalifés en France ; il y rapporte des graines qui réussissent à l'instar de celles d'Amérique.

KALMIA.

KALMIA.

Kalmia , or American Laurel.

Class. 10. Ordre 1. Décandrie Monogynie.

CAL. *périanthe* , cinq divisions, petit, persistant. *Segmens* ovoïdes , aigus , un peu cylindriques.

Cor. monopétale, en soucoupe - en entonnoir. *Tube* cylindrique , plus long que le calice. *Limbe* , disque plâne, contour droit , cinq petites dents moyennes. *Cornets nectariferes* , dix , formant des saillies extérieures à la corolle sur toute sa circonférence , d'où s'élève le contour du limbe.

Etam. *filets* , dix , en forme d'alêne, droits, ouverts , un peu plus courts que la corolle ; insérés à sa base. *Anthères* simples.

Pist. *germe* arrondi. *Style* filiforme , plus long que la corolle , mobile. *Stigmate* obtus.

Per. *Capsule* globuleuse, avec enfoncement, à cinq loges, à cinq valves.

Sem. nombreuses.

1. KALMIA *angustifolia*. LINN. Kalmia à feuilles étroites. *Narrow leaved Kalmia.*

Cette espèce se plaît dans les lieux humides , où elle croît à la hauteur de deux pieds ou davantage. Ses feuilles sont d'un verd clair, ovales , entières , longues d'environ un pouce & demi , larges d'un demi pouce. Ses fleurs sont disposées en corymbes , vers l'extrémité des

tiges, & d'une belle couleur rouge. On a appelé
cet arbuste *kalmia à feuilles glauques* (1).

2. K A L M I A *latifolia.* LINN. Kalmia à larges
feuilles. *Broad leaved Kalmia.*

Ce bel arbrisseau à fleur s'élève pour l'ordinaire à la hauteur de six à huit pieds , & quelquefois jusqu'à dix ou douze. Son écorce est rude
& légèrement colorée. Sa tige est ordinairement
courbée; ses feuilles sont d'un verd foncé, épaiffes , lancéolées , entières , longues d'environ
trois pouces , & larges d'un pouce. Ses fleurs
font disposées en corymbes terminaux, panachées de rouge, lorsqu'elles commencent à s'ouvrir; mais de couleur de chair, à mesure qu'elles
s'épanouissent. Bien peu d'arbrisseaux peuvent
être comparé à celui-ci , lorsqu'il est en fleur.
Ses feuilles font nuisibles aux bœufs & aux
moutons; cependant les bêtes fauves les man-
gent fans danger.

Culture. Les graines de kalmia réussissent bien
difficilement : elles exigent les mêmes soins que
celles d'*andromeda* (voyez cet article). Les plants
qui en proviennent , font long-tems à acquérir
une certaine force ; aussi, préfere-t-on de les
avoir de rejetons que l'on fait venir d'Amérique.
Ces arbres se plaisent dans un terrain léger &
humide ; l'abri des autres arbres leur est très-
favorable. On les obtient encore de marcotes ,
que l'on fait au printems.

____

(1) Nous connoissons un *kalmia glauca,* qui est une espèce distincte
de celle-ci.

LAURUS.

LAURIER.

The bay Tree.

Claſs. 9. Ordre 1. Ennéandrie Monogynie.

CAL. nul (à moins que l'on appelle calice, la *corolle.*

Cor. *Pétales*, ſix, ovales, pointus, concaves, droits : les *alternes* extérieurs.

Nectaire, trois tubercules, aigus, colorés, terminés par deux ſoies, entourant le germe.

Etam. *filets*, neuf, plus courts que la corolle, compri- més, trois à trois ſur chaque rang. *Anthères* unies à chaque bord ſupérieur des filets.

Glandes, deux, globuleuſes, portées ſur un pétiole très-court, fixées ſur chaque filet du rang intérieur, près de leur baſe.

Piſt. *germe*, un peu ovale. *Style* fimple, égal, de la lon- gueur des étamines. *Stigmate* obtus, oblique.

Per. *baie*, ovale, pointue, à une loge, renfermée dans la corolle.

Sem. *graine*, ovale-aiguë. *Amande*, même forme.

Obſ. Fleurs quelquefois mâles & femelles ſur des pieds différens.

1. LAURUS *Benzoin*. LINN. Laurier *Beujoin*. *The Benjamin Tree, or Spice wood.*

Cet arbriſſeau croît naturellement dans des lieux humides, où il parvient ſouvent à la hau- teur de huit à dix pieds. Son tronc ſe diviſe en pluſieurs branches ; ſes feuilles ſont ovales, en- tières, & tombent en automne. Ses fleurs ſont diſpoſées le long des branches, & portées ſur

des

des pédoncules courts , divisés pour l'ordinaire,
& soutenans depuis une jusqu'à quatre ou cinq
fleurs. Il leur succède des baies ovales-oblongues, d'une belle couleur rouge , lorsqu'elles
sont mûres , mais devenant ensuite noires. Son
écorce , ses baies , &c. ont une odeur forte &
aromatique , qui approche beaucoup de celle
du *benjoin* ; ce qui le fait prendre , par quelques
personnes , pour l'arbre qui donne le véritable
benjoin.

2. LAURUS *Borbonia.* LINN. Laurier de Bourbon.
Red-Stalked Carolinian Bay-Tree.

Cet arbre est originaire de Caroline. Son tronc
est droit , & s'élève à une hauteur considérable,
sur-tout près des côtes ; ses feuilles sont terminées en pointe , & plus longues que celles des
lauriers d'Europe. Leur surface inférieure est
un peu cotonneuse, veinée transversalement, &
un peu roulée sur les bords. Les fleurs sont disposées en bouquet allongé dans les individus
mâles , & en bouquet lâche dans les individus
femelles , portées sur des pédoncules longs &
rouges. Il leur succède des baies bleues, attachées à des calices rouges & persistans.

Son bois est d'un grain très-fin, & propre à
faire des armoires , & autres meubles d'orné-
ment ; il fournit une belle couleur noire.

3. LAURUS *geniculata.* Laurier articulé. *Carolinian Spice wood Tree.*

Cette espèce ressemble tellement au laurier

(114)

benjoin, qu'elle n'a pas befoin d'une plus ample defcription. J'obferverai feulement que fes baies n'ont pas une couleur auffi rouge.

4. LAURUS *Saffafras.* LINN. Laurier Saffafras. *The Saffafras-Tree.*

Cet arbre s'élève quelquefois à la hauteur de vingt à trente pieds, avec un diamètre de douze à quinze pouces ; mais en général il croît plus lentement que les autres efpèces. L'écorce des jeunes rameaux eft liffe & verte ; celle des vieux troncs eft rude, fillonnée, & un peu colorée. Sa tige fe divife, vers le fommet, en un grand nombre de branches, combées pour l'ordinaire, & garnies de feuilles, différentes par la forme & par la grandeur ; quelques-unes font ovales & entières, les autres font à deux lobes, ou même trois, longues de cinq à fix pouces, prefqu'auffi larges, d'un verd clair, alternes, & portées fur de longs pétioles. Ses fleurs font difpofées en longues panicules fur les rameaux de l'année précédente : elles font ordinairement mâles & femelles fur des pieds différens. Ses baies font oblongues, ovales, bleues dans leur maturité, placées dans des calices rouges, & portées fur des pédoncules de la même couleur. Les racines & le bois de cet arbre ont été long-tems employées comme fudorifiques ; mais l'écorce de la racine a beaucoup plus de vertu : elle fournit une grande quantité d'huile aromatique ; mife en poudre, & unie à d'autres fébrifuges, elle a été donnée avec fuccès dans les fièvres intermittentes.

Culture. La première espèce (*Laurier Benjoin*), nous vient des Provinces les plus froides des Etats-Unis, aussi ne craint-elle nullement la rigueur de nos hivers ; elle forme naturellement un buisson, & se plaît dans une terre humide à toute exposition. Elle réussit difficilement de semences ; celles même que l'on récolte depuis environ quatre ans dans la pépiniere du Roi à Paris, ont de la peine à lever. On la fera venir en plant ; le transport l'endommage rarement : c'est un des arbres qui reprend le mieux. On peut s'en procurer des pieds, en marcotant les branches inférieures.

Ce laurier est dioïque par avortement, puisque les individus que nous regardons comme mâles, ne laissent pas que de rapporter quelques graines : celles-ci persistent sur l'arbre bien avant dans l'automne ; elles sont d'un rouge éclatant, & forment un coup-d'œil agréable.

Cet arbisseau ne donne pas le véritable *benjoin* ; il en a seulement l'odeur. Cette gomme résine nous vient de Siam, de Sumatra, & des côtes de Java : elle est produite par le *Croton Benfoe.*

Obs. Dans quelques parties de l'Amérique septentrionale, le peuple se sert des graines du laurier benjoin contre les coliques venteuses ; & durant la guerre, on l'employoit souvent en guise de piment. On dit que le suc exprimé de son écorce, est un antidote contre le poison des serpens à sonnettes.

La seconde espèce (*Laurier de Bourbon*) est connue en Caroline sous le nom de *Laurier rouge.* Comme elle est originaire d'un pays beau-

coup plus chaud que les Provinces feptentrio-
nalles de France , on eft réduit à la renfermer
l'hiver dans l'orangerie.

On peut multiplier cet arbre par les marcotes;
mais on préfère de femer fes graines au printems ,
dans des terrines, que l'on place fur une couche
tiéde. Il fera néceffaire d'accoutumer les plants
peu-à-peu à l'air pendant l'été. En automne, on
les mettra fous un chaffis de couche , pour les
préferver de la gelée. Une terre humide & fubf-
tantielle lui conviendra.

Troifième efpèce (*Laurus geniculata*). Nous
ne connoiffons pas encore de laurier qui porte
ce nom. Nous favons qu'on trouve en Virginie,
fur les bords des ruiffeaux , un laurier qui perd
fes feuilles , & auquel on a donné le nom de
Laurus æftivalis. Je doute que ce foit celui-là
que M. Marshall a voulu indiquer, d'autant qu'il
diffère beaucoup du benjoin par fon port & la
petiteffe de fes feuilles.

Quatrième efpèce. Le *Laurier faffafras* s'accommode mieux de la rigueur de nos hivers ,
que de la qualité de notre fol. Il arrive fouvent
que, parvenu à une certaine hauteur, il périt fans
qu'il foit poffible de découvrir aucune caufe apparente de mort. Jufqu'à préfent, cet arbre a été
cultivé dans une terre de bruyère , plutôt humide que sèche ; mais des notes particulières
d'Amérique , nous apprennent qu'il croît dans
une terre sèche , légère & ftérile. De nouveaux
effais nous mettront dans le cas de prononcer
plus pofitivement fur la nature du fol qui lui eft
propre.

Il fleurit chaque année dans nos jardins ; mais

il n'y donne point encore de graines. Nous les recevons d'Amérique, & les femons au printems en pleine terre, à une expofition ombragée, après les avoir laiffé tremper plufieurs jours. Malgré cette précaution, elles ne levent le plus fouvent que la feconde année, quelquefois même que la troifième ou la quatrième ; c'eft pourquoi, il eft bien effentiel de ne point déranger le terrain où elles auront été femées.

L E D U M.

L E D U M.

Marsh Ciftus, or wild Rofemary.

Claff. 10. Ordre 1. Décandrie Monogynie.

Cal. *périanthe*, une pièce, très-petit, à cinq dents.
Cor. *pétales*, cinq, ovales, concaves, ouverts.
Etam. *filets*, dix, filiformes, écartés, de la longueur de la corolle. *Anthères* oblongues.
Pift. *Germe* arrondi. *Style* filiforme, de la longueur des étamines. *Stigmate* obtus.
Per. *capfule*, arrondie, cinq loges, cinq ouvertures à la bafe.
Sem. nombreufes, oblongues, étroites, aiguës des deux côtés, très-minces.

L E D U M *thymifolium*. Ledum à feuilles de thym.
Thyme leaved Marsh Ciftus.

Cet arbufte croît naturellement dans les lieux bas & humides des Jerfeys. Il eft toujours vert, & atteint à peine la hauteur d'un pied & demi ou deux pieds. Ses feuilles font entières, petites, oblongues, ovales, épaiffes, alternes, & très-nombreufes fur les branches; fes fleurs font petites, blanches, difpofées en petits bouquets terminaux, garnis de feuilles florales, portées fur des pédoncules affez longs, & axillaires aux feuilles. Il porte généralement le nom de *Kalmia* à feuilles de thym.

Culture. On le multiplie de graines, mais mieux de marcotes, que l'on fait au printems. Il fe plaît à l'ombre, & dans une terre légère.

M. Marshall a oublié de faire mention du *ledum paluftre*, ou *the de Labrador*, arbriffeau très-agréable, & bien moins délicat que le précédent. On connoît encore le *ledum latifolium*, & le *ledum anguftifolium*.

LIQUIDAMBAR.

(De même en François.)

Liquidambar, or Sweet Gum-tree.

Clafs. 21. Ordre 8. Monoécie Polyandrie.

*FLEURS *mâles* nombreufes fur un *chaton* conique, long, lâche.
Cal. *involucre commun*, quatre pièces, concaves, ovales, caduques, alternativement plus courtes.
Cor. nulle.
Etam. *Filets*, nombreux, très-courts, formant un corps plâne d'un côté, convexe de l'autre. *Anthères* droites, doubles, quatre fillons, quatre loges.
* *Fleurs femelles* difpofées en rond à la bafe de l'épi mâle.

Cal. *involucre*, comme dans les mâles, mais double
Périanthes propres, campanulés, anguleux, verruqueux,
réunis.
Cor. nulle.
Pist. *germe*, oblong, uni au calice. *Styles*, deux, en forme
d'alêne. *Stigmates* placés ur le côté, de la longueur du
style, recourbés, chargés de poils.
Per. *Capsules*, même nombre, ovales, oblongues, aiguës, à une loge, sommet bivalve, en forme de
globe, ligneuses.
Sem nombreuses, oblongues, luisantes, mèlees à de
petits corps ressemblant à des fétus.

1. LIQUIDAMBAR *styraciflua*. LINN. Liquidambar à feuilles d'érable. *Maple-leaved Liqui-
dambar-Tree, or Sweet Gum.*

Cet arbre croît naturellement dans un terrain
bas & glaiseux, & parvient à la hauteur de quarante pieds ou davantage. Son tronc est droit,
& garni de branches nombreuses, qui forment
une tête pyramidale. Ses feuilles sont d'un verd
foncé, anguleuses, un peu semblables à celles
d'érable, à cinq lobes, & souvent sept, pointus, dentés, contenant une substance douce &
glutineuse, qui sort par ses pores, lorsque le
tems est chaud; ce qui les rend visqueuses au
toucher. Ses fleurs paroissent de bonne heure
au printems; il leur succède des fruits globuleux, composés d'un grand nombre de capsules
réunies à leur base, terminées par des pointes
molles, & renfermant chacune une ou deux
semences oblongues, comprimées, ailées, &
confondues avec un grand nombre de petits
corps, semblables à des fétus.

2. LIQUIDAMBAR *asplenifolia.* LIQUIDAMBAR *peregrinum.* LINN. Liquidambar à feuilles de Cétérach. *Spleen-wort-leaved Gale, or Shrubby Sweet Fern.*

Petit arbriſſeau, qui ſe trouve communément ſur des terrains élevés & ſecs ; il atteint rarement la hauteur de trois pieds. Ses feuilles reſſemblent à celles du *cétérach;* elles ſont alternes, oblongues, d'un verd foncé, velues en-deſſous, ſinuées & axillaires. Ses fleurs mâles ſont diſpoſées en chatons vers l'extrémité des petits rameaux ; les fleurs femelles leur ſont inférieures, & ramaſſées en petites têtes. Il leur ſuccède des petites capſules, qui renferment pour l'ordinaire deux ſemences ou davantage, oblongues & glabres. L'infuſion de ſes feuilles paſſe pour être aſtringente : on en a fait uſage dans les diarrhées, &c.

Culture. La première eſpèce ſe perpétue par les marcotes, mais plus généralement par les graines, que l'on ſeme vers le commencement d'Avril, ſoit en pleine terre, ſoit dans des pots, à une expoſition ombragée, & dans un ſol léger & frais.

On trouve dans la Virginie des Liquidambars, qui, dans les terres noires & humides, ont juſqu'à quatre-vingt pieds de hauteur, & quinze à dix-huit pieds de circonférence. Il exiſte une variété de cette eſpèce, dont le bois eſt rouge, & employé, ainſi que l'autre, à différens uſages. C'eſt du Liquidambar, que l'on retire une fubftance liquide ; réfineufe & jaunâtre , dont l'odeur approche de celle du ftorax.

La feconde efpèce ne nous parvient jamais qu'en plant ; elle eft affez délicate & de courte durée : on la multiplie de marcotes. La terre de bruyère & une expofition ombragée paroiffent lui convenir dans notre climat.

LIRIODENDRUM.

TULIPIER.

The Tulip-Tree.

Claff. 13. Ordre 7. Polyandrie Polyginie.

C A l. *involucre* propre, deux pièces : *folioles* triangulai-res, plânes, caduques.
Périanthe , trois pièces. *Folioles* oblongues , concaves, ouvertes, en forme de pétales, caduques.
Cor. *pétales*, fix (fouvent plus), en cloche. *Pétales* fpatulés, oblongs, obtus , canaliculés à la bafe, panachés : trois extérieurs caduques.
Etam. *filets*, nombreux, plus courts que la corolle, linéaires , inférés au réceptacle. *Anthères* linéaires, unies longitudinalement aux côtés des filets.
Pift. *germes* , nombreux, difpofés en cône. *Style* nul. *Stigmates* globuleux.
Per. nul. *Semences* imbriquées, en cône.
Sem. nombreufes, terminées par une écaille lancéolée, angle aigu à la bafe , côté intérieur de l'écaille comprimé, aigu, fixées à l'axe.

LIRIODENDRUM *tulipefera.* **LINN.** Tulipier de Virginie. *Virginian Tulip-Tree.*

Cet arbre a souvent soixante-dix à quatre-vingt pieds de hauteur, & plus de quatre pieds de diamètre. Son écorce est lisse dans sa jeunesse, mais sillonnée lorsqu'il vieillit ; alors il perd aussi ses branches les plus basses. Ses feuilles sont grandes, glabres, en forme de cœur à la base, coupées à angles droits vers l'extrémité, marquées de deux ou trois lobes de chaque côté de la côte moyenne, d'un verd foncé en-dessus, plus claires en-dessous, veinées, portées sur des pétioles assez longs. Ses fleurs viennent à l'extrémité des branches ; elles ressemblent à des tulipes, & sont composées de six à sept pétales, quelquefois plus, de couleur verdâtre au sommet, tachées de rouge près des onglets, lesquels sont glanduleux, & chargés d'une substance douce. Les jeunes tulipiers sont de la plus grande beauté, principalement lorsqu'ils sont en fleur. Nous en possédons deux espèces ; *savoir*, un jaune & un blanc : il n'y a guères que le bois qui puisse en faire remarquer la différence. Le jaune a le bois mou & cassant ; il sert à faire des planches, des talons de souliers, &c. Le bois de l'autre est pesant & dur : il entre dans la construction des bâtimens ; on en fait des solives, des planches, &c. L'écorce de ses racines est de quelque usage dans la composition des amers, &c.

Culture. Le tulipier peut se marcoter, ainsi que la plupart des autres arbres ; mais on doit préférer de le multiplier par ses graines, que l'on sème au printems, dans un sol léger & frais : on les couvre d'environ un pouce & demi de terre de bruyère, & on les dispose à germer par des arrosemens légers & fréquens (tous les jours, vers le coucher du soleil, dans les tems chauds), en observant de sarcler soigneusement les mauvaises herbes, à mesure qu'elles paroissent. Malgré ces précautions, il n'en levera qu'une partie la première année ; le reste paroîtra la seconde & même la troisième. Lorsque les plants auront trois ans, & qu'ils seront passablement forts, on pourra les repiquer dans un terrain substantiel & frais, où on les laissera trois autres années, après lesquelles, on les plantera à demeure dans le lieu qui leur aura été destiné. Je suppose toutefois que les arbres sont assez beaux pour remplir l'objet que l'on se propose.

Comme les tulipiers deviennent très-gros, & qu'ils poussent un grand nombre de branches, je conseille de les planter à une assez grande distance les uns des autres (vingt quatre pieds, par exemple, encore ne sera ce pas trop dans un bon terrain) ; car il seroit fâcheux d'être obligé de les élaguer. Si cependant la nécessité exige cette opération, il faudra la faire avec attention, couper peu de branches à la fois, & recouvrir la plaie avec un mélange de terre franche & de bouse de vache.

Le tulipier est un des plus beaux arbres que nous ayons acclimatés en France, parmi ceux qui nous viennent d'Amérique. Plusieurs individus y sont parvenus à une hauteur moyenne, & nous donnent, depuis plusieurs années, des graines paſſablement bonnes. On voit , dans les jardins de Verſailles , une ſalle plantée de ces arbres , dont l'aſpect eſt des plus agréables , lorſqu'ils ſont parés de leurs fleurs.

LONICERA.

CHEVRE-FEUILLE.

Honeyſuckle , or Woodbine.

Claſs. 5. Ordre 1. Pentandrie Monogynie.

CAL. *Périanthe* , cinq diviſions , ſupérieur , pétit.

Cor. monopétale , tubuleuſe. *Tube* oblong , renflé. *Limbe* , cinq diviſions : *découpures* roulées en-dehors , une d'elles coupée plus profondément.

Etam. *filets* , cinq , en forme d'alêne , preſque de la longueur de la corolle. *Anthères* oblongues.

Piſt. *Germe* , arrondi , inférieur. *Style* filiforme , de la longueur de la corolle. *Stigmate* obtus , en tête.

Per. *baie* , ombiliquée , à deux loges.

Sem. arrondies , comprimées.

* Chevre-feuilles à tiges grimpantes.

1. LONICERA *Caroliniana* , *an* LONICERA *parviflora*. H. R. P. Chevre-feuille de Caroline. *Carolinian ſcarlet Trumpet-flowered Honeyſuckle.*

C'eſt une variété du ſuivant ; elle en diffère ſeulement par ſes feuilles & ſes fleurs , qui ſont plus petites.

❋

2. **LONICERA** *Virginiana*, an **LONICERA** *femper virens*. **LINN.** Chevre-feuille de Virginie. *Virginian fcarlet Honeyfuckle.*

Sa tige ligneufe & grimpante a befoin de foutien ; il reffemble beaucoup au chevre-feuille ordinaire : mais fes rameaux font plus foibles. Ses feuilles inférieures font ovales-renverfées, d'un verd foncé en deffus, blanchâtres en-deffous. Les fupérieures font connées, quelquefois plus grandes que les autres; mais communément plus petites, ovales & concaves. Ses fleurs font terminales, & difpofées en rond fur un fupport long & nu. Les tubes font allongés, de couleur rouge, avec des bords affez courts. Lorfque cette plante eft dans une expofition chaude, fes feuilles les plus baffes reftent toujours vertes.

3. **LONICERA** *femper virens*. Chevre-feuille toujours vert. *Ever-green Honeyfuckle.*

Cette efpèce eft regardée comme originaire de Virginie ; fes branches font fortes, couvertes d'une écorce pourpre. Ses feuilles font luifantes & vertes toute l'année ; fes fleurs font difpofées comme celles de l'efpèce précédente, d'un rouge clair en-dehors, & jaunes en-dedans : elles fe fuccèdent depuis le mois de Juin, jufqu'en automne.

* ** *Chamæ-cerasus*, pédoncules biflores.

4. LONICERA *Canadensis*. Chamœ-cerasus de Canada. *Canadian dwarf cherry Honeysuckle.*

(Catalogue de *Bartram*.)

Cette espèce est originaire du Canada. Sa tige est ligneuse, droite, d'environ cinq pieds ; les feuilles font ovales, entières, d'une texture très-mince, & d'un verd brillant. Ses fleurs font terminales, portées deux à deux sur chaque pédoncule, d'un jaune pâle, taché de pourpre ; elles paroissent d'assez bonne heure au printems.

*** *Chevre-feuilles* à tiges droites, pédoncules multiflores.

5. LONICERA *Diervilla*. LINN. Dierville. *Yellow flowering Diervilla.*

Ses tiges ligneuses font plus minces que celles des espèces précédentes, & ordinairement panchées, s'élevant rarement à plus de deux pieds & demi. Ses feuilles font cordiformes, oblongues, aiguës, légèrement dentées & opposées. Ses fleurs font terminales ; quelquefois cependant elles font disposées le long des branches, deux ou trois ensemble, sur des pédoncules courts. La division inférieure de la fleur est un peu plus grande & plus jaune que les autres ; les capsules font oblongues, remplies de petites femences. Cette espèce se plaît sur les montagnes ; ses racines tracent beaucoup.

6. LONICERA *Marylandica.* **SPIGELIA** *Ma-rylandica.* **LINN.** Spigelia du Maryland. *Maryland fcarlet Lonicera.*

Cette efpèce eft regardée comme originaire de Maryland. Sa tige eft droite, fes feuilles font oblongues, pointues, pétiolées ; fes fleurs font rouges, & difpofées en épis droits.

7. LONICERA *Symphroricarpos.* **LINN.** Symphoricarpos. *Indian Currants, or St. Peter's wort.*

Sa tige eft ligneufe, haute de quatre à cinq pieds. Ses rameaux font nombreux, menus, garnis de feuilles oppofées, ovales, entières, & portées fur des pétioles courts. Ses fleurs font petites, de couleur herbacée, portées auffi fur des pédoncules très-courts, & difpofées en petites têtes axillaires. Il leur fuccède des baies rouges, comprimées, creufes & fpongineufes, mûriffant très-tard ; chacune renferme deux femences, rondes, petites & comprimées. Cet arbriffeau pouffe près de terre, des branches foibles & traînantes, qui prennent racines d'elles-mêmes ; ce qui le rend facile à multiplier.

Culture. Toutes les efpèces de chevre-feuilles fe multiplient de boutures, de marcotes, de rejetons & de graines : celles-ci ne levent pour l'ordinaire que la feconde année. Les boutures & les marcotes fe font dans le printems, ou en automne, dans un lieu frais ; c'eft auffi dans l'une ou l'autre de ces faifons, que l'on met en terre les femences, mais préférablement d'abord

après leur maturité. Quoique ſes arbriſſeaux paroiſſent s'accommoder de toutes ſortes de terrains, ils croiſſent cependant mieux dans ceux
qui ſont humides & ombragés.

MAGNOLIA.

MAGNOLIA.

Vulgairement LAURIER TULIPIER.

The Laurel-leaved Tulip-Tree.

Claſs. 13. Ordre 7. Polyandrie Polyginie.

CAL. *périanthe*, trois pièces : *folioles* ovales, concaves,
en forme de pétales, caduques.

Cor. *pétales*, neuf, oblongs, concaves, obtus, rétrécis
à la baſe.

Etam. *Filets*, nombreux, courts, aigus, comprimés,
inférieurs au germe, portés ſur le réceptacle commun
des ſtyles. *Anthères* linéaires, réunies au bord des fila-
mens des deux côtés.

Piſt. *germes*, nombreux, ovales-oblongs, recouvrant un
réceptacle en forme de maſſue. *Styles* recourbés, con-
tournés, très-courts. *Stigmates* placés le long du ſtyle,
velus.

Per. *cône*, ovale, recouvert par des capſules comprimées, à peine imbriquées, rapprochées, aiguës, à
une loge, à deux valves, ſeſſiles, s'ouvrant extérieurement, perſiſtantes.

Sem. ſolitaires, arrondies, en baie, ſuſpendues par un
fil, qui eſt fixé au fond de chacune des écailles du cône.

1. MAGNOLIA *acuminata.* Magnolia ruſtique. *Long-leaved Mountain Magnolia , or Cucumber Tree.*

Cet arbre a quelquefois trente à quarante pieds de hauteur , & un pied & demi, ou plus, de diamètre. Il ſe diviſe , vers le ſommet , en pluſieurs branches, garnies de feuilles grandes , oblongues & pointues ; ſes fleurs ſe montrent de bonne heure au printems : elles ſont compoſées de douze grands pétales , de couleur bleuâtre. Ses cônes ont environ trois pouces de long , & reſſemblent un peu à de petits concombres ; ce qui lui a fait donner le nom *d'arbre à concombre* , par les habitans du lieu où il croît naturellement.

2. MAGNOLIA *glauca.* **LINN.** Magnolia glauque. *Small Magnolia , or Swamp Saſſafras.*

Cet arbriſſeau eſt commun dans les terrains bas & humides, où il parvient ſouvent à la hauteur de quinze à vingt pieds. Sa tige eſt couverte d'une écorce unie & blanchâtre; ſes feuilles ſont entières , oblongues, ovales , d'un verd foncé en-deſſus, glauques, & un peu velues en-deſſous. Ses fleurs ſont terminales, à ſix pétales blancs & concaves, d'une odeur très-ſuave. Il leur ſuccède des fruits ovales, un peu coniques, longs d'un pouce ou davantage , & de trois quarts de pouce de diamètre , compoſés d'un grand nombre de capſules , qui s'ouvrent lorſqu'elles ſont mûres , & laiſſent échapper des

graines rouges, fufpendues par des fils blancs.
Les femences & l'écorce ont été employées avec
fuccès pour guérir les rhumatifmes.

3. MAGNOLIA *grandiflora*. LINN. Grand
Magnolia *ou* Laurier Tulipier. *Ever-green
Laurel-leaved Tulip-Tree.*

Cet arbre eft originaire de la Floride & de la
Caroline du Sud. Son tronc eft droit, & s'élève
quelquefois à la hauteur de quatre vingt pieds
ou davantage, avec un diamètre de plus de
deux pieds. Ses branches forment une tête régulière ; fes feuilles font vertes, épaiffes, affez
grandes, oblongues, pointues & entières (1).
Leur furface fupérieure eft d'un verd luifant,
mais l'inférieure eft quelquefois ferrugineufe;
fes fleurs font très-grandes, terminales, compofées de huit à dix pétales blancs, oblongs,
& rétrécis vers la bafe, élargis, un peu ronds,
& ondulés au fommet. Il leur fuccède des fruits
oblongs, coniques, dont les femences font
difpofées comme celles des autres efpèces. C'eft
avec raifon que l'on regarde ce *magnolia*, comme un des plus beaux arbres verds, connus jufqu'à ce jour; mais il craint le froid.

4. MAGNOLIA *tripetala*. LINN. Magnolia
ombrelle. *The Umbrella Tree.*

Cet arbre eft affez commun en Caroline, &

---

(1) Cette efpèce offre deux variétés ; l'une à les feuilles étroites &
lancéolées ; l'autre, les a obtus..

dans quelques parties de la Penfylvanie ; il s'é-
lève ordinairement à la hauteur de feize à vingt
pieds. Sa tige eft mince , & recouverte d'une
écorce liffe. Ses feuilles ont douze à quinze
pouces de longueur , quelquefois davantage , &
cinq à fix de largeur : elles font entières , rétrécies vers leurs extrémités , & difpofées d'une
manière circulaire au bout des branches ; ce qui
les fait reffembler un peu à un parafol , d'où il
a tiré fon nom. Ses fleurs font compofées de
dix à douze pétales blancs , affez grands &
oblongs ; les extérieurs font penchés : il leur
fuccède des fruits oblongs , coniques , longs de
trois à quatre pouces , & d'un pouce & demi
de diamètre. Ses femences ont la même difpofition que celles des efpèces précédentes ; elles
font d'un rouge clair.

On croit qu'il fe trouve deux autres efpèces
de *magnolia* dans les Etats du Sud.

Culture. Tous les *magnolias* fe multiplient de
femences , quelquefois de boutures , mais plus
généralement de marcotes, attendu qu'il eft affez
difficile de fe procurer de bonnes graines : celles ci étant fujetes à fe gâter dans la traverfée ,
doivent être renfermées dans des boîtes, bien
conditionnées, & mêlées avec du fable fec. Dès
qu'elles arrivent , toutefois fi le tems eft favorable , on les feme dans des terrines remplies
d'une terre légère & fraîche, & on les place fur
une vieille couche , que l'on a foin d'abriter du
grand foleil dans les jours chauds. C'eft ainfi
qu'il faut traiter les marcotes , lorfqu'elles ont
été fevrées. Il fera effentiel de les préferver de

la gelée, de leur donner de l'air lorfqu'il fera doux, & de ménager les arrofemens. Le *magnolia glauca* n'exige d'être couvert, que lorfqu'il eſt jeune. Les deux autres efpèces font peu fenfibles au froid.

Les marcotes fe font vers la fin de Mars ou le commencement d'Avril : on couche les jeunes branches dans des pots, & on a par ce moyen des fujets tout repris, lorfqu'ils font dans le cas d'être fevrés. On peut auſſi femer les graines à cette époque.

Parmi les quatre efpèces de *magnolia*, qui, toutes cependant, méritent de trouver place dans les jardins des curieux, nous devons diſtinguer le *magnolia grandiflora*. Cet arbre exige quelques foins pour pouvoir braver en pleine terre les fortes gelées de notre climat. L'expérience nous a fait connoître qu'il ne faudra le rifquer, que lorfqu'il aura acquis une certaine force, encore fera-t-il néceſſaire l'hiver, de couvrir le pied de paille ou de fougère, pour préferver les racines du froid. Il faudra enfuite enfoncer des piquets légers autour de l'arbre, après en avoir rapproché les branches pour reduire fon volume. Ces piquets ferviront à foutenir des cerceaux, dont quelques uns feront placés fur les côtés, & d'autres fur le fommet. Le tout formera une efpèce de treillage deſtiné à fupporter des paillaſſons doubles ou fimples, felon que la gelée fera plus ou moins vive. On aura l'attention de ne fixer que par un bout, celui qui fera placé perpendiculairement, & du côté du midi ; ce qui laiſſera la facilité de procurer à l'arbre, du foleil, toutes les fois qu'il en fera , & de l'air, lorfqu'il fera doux. Toute la manœuvre confifte à lever ou baiffer ce paillaf-fon , fuivant l'exigence des cas, & arrêter avec une ficelle la partie mobile.

Par ce procédé , on peut efpérer d'avoir en pleine terre d'affez beaux arbres; mais ils feront encore loin d'atteindre la hauteur de ceux que l'on trouve dans la Caroline méridionale. Si l'on fe figure un végétal haut de quatre-vingt pieds, paré , pendant près de huit mois de l'année , d'un nombre prodigieux de fleurs , dont la cou-leur d'un blanc pur , la forme , & fur tout le parfum , n'ont rien de comparable , on fera tenté de croire que la nature a voulu favorifer de fes dons les plus précieux, une belle contrée, qui n'attend, pour être floriffante, qu'une popu-lation plus nombreufe. Je dois obferver que la Caroline offre des forêts de deux âges ; les unes font nouvelles , & datent feulement de l'époque à laquelle , après avoir été incendiées pour des défrichemens , le fol s'eft , par fucceffion des tems, recouvert de bois ; les autres font ancien-nes , & comme forties des mains de la nature. Les arbres y ont fuivi fes loix ; leur deftruction n'eft due qu'à leur vétufté. C'eft précifement dans ces forêts , que l'on trouve les plus beaux *magnolias grandifloras* ; là , ils jouiffent d'un abri , & d'une humidité favorable à leur croif-fance.

MENISPERMUM.

MENISPERME.

Moon Seed.

Claſs. 22. Ordre 10. Dioécie Dodécandrie.

FLEURS *mâles.*
Cal. *périanthe*, deux pièces. *Folioles* linéaires, courtes.
Cor. *pétales* extérieurs, quatre, égaux. *Pétales* intérieurs, huit, plus petits, ovales, concaves.
Etam. *filets*, seize (ou plus), cylindriques, un peu plus longs que la corolle. *Anthères* terminales, très-courtes, quatre lobes obtus.
* *Fleurs femelles.*
Cal. comme dans le mâle.
Cor. comme dans le mâle.
Etam. *filets*, huit, semblables à ceux du mâle. *Anthères* transparentes, stériles.
Pist. *germes*, deux, ovales, courbés, réunis, portés sur un pivot. *Styles* solitaires, très-courts, courbés. *Stigmates* bifides, obtus.
Per. *baies*, deux, réniformes-arrondies, à une loge.
Sem. solitaires, réniformes, grandes, un peu orbiculaires & comprimées.
Obſ. Le meniſpermum de Canada a un calice & une corolle à ſix pièces, ſix étamines & trois ſtyles.

1. MENISPERMUM *Canadenſe*. LINN. Méniſperme de Canada. *Canadian Moon ſeed.*

Les racines de cette plante ſont groſſes, & pouſſent un grand nombre de tiges ligneuſes, qui s'entrelacent autour des arbres voiſins, juſqu'à la hauteur de dix ou quinze pieds. Ses feuilles font grandes, arrondies, anguleuſes, glabres, portées ſur des pétioles aſſez longs, attachés à leur ſurface inférieure, & creuſes à leur ſurface ſupérieure ; ce qui les fait reſſembler un peu à un nombril. Ses fleurs ſont diſpoſées en bouquets lâches ſur les côtés des tiges, petites, de couleur herbacée, compoſées de ſix pétales oblongs, ſix étamines courtes, & trois ſtyles, qui s'élevent comme autant de germes. Il leur ſuccède trois baies cannelées, dont chacune contient une ſemence comprimée, & un peu circulaire.

2. MENISPERMUM *Carolinum.* LINN. Méniſperme de Caroline. *Carolinian Moonſeed.*

Cette eſpèce eſt plus foible & plus petite que la précédente. Ses tiges ſont à peine ligneuſes. Ses feuilles ſont auſſi plus petites, entières, en forme de cœur, & velues en-deſſous.

3. MENISPERMUM *Virginicum.* LINN. Méniſperme de Virginie. *Virginian Moonſeed.*

Cette eſpèce reſſemble à la première. Ses feuilles ſont ombiliquées, cordiformes & lobées.

Culture. Ces plantes tracent beaucoup ; on les multiplie avec facilité de drageons enracinés, que l'on trouve en abondance autour de leurs pieds. On peut auſſi marcoter leurs branches inférieures, qui prennent aiſément racine. Leurs graines nous viennent d'Amérique ; on les ſeme au printems. Tous les terrains paroiffent leur convenir.

La feconde efpèce n'a pas encore été cultivée dans ce pays-ci.

M E S P I L U S.

É P I N E.

The Medlar-Tree.

Claf. 12. Ordre 4. Icofandrie Pentagynie.

CAL. *périanthe*, une pièce, concave-ouvert, à cinq dents, perfiftant.

Cor. *pétales*, cinq, arrondis, concaves, inférés au calice.

Etam. *filets*, vingt, en forme d'alêne, inférés au calice. *Anthères* fimples.

Pift. germe, inférieur. *Styles*, cinq (fouvent moins); fimples, droits. *Stigmates* en tête.

Per. *baie*, globuleufe, ombiliquée, couronnée par le calice, ombilic prefque perforé.

Sem., cinq, offeufes, renflées.

Obf. les *alifiers* fe diftinguent des épines par leurs femences; celles des épines étant des offelets fort durs, tandis que celles des alifiers font fimplement cartilagineufes, oblongues, deux à cinq dans chaque baie.

⋆ *Armées d'épines.*

1. MESPILUS *Coccinea.* CRATÆGUS *Coccinea.* LINN. Epine à feuilles d'Alifier, *ou* Azérolier de Canada. *Cockfpur-Hawthorn.*

C'eft un arbriffeau de dix à douze pieds, dont

la tige eſt groſſe, & ſe diviſe en pluſieurs branches, armées d'épines fortes, & courbées comme des ergots de coq. Ses feuilles ſont un peu
ovales, anguleuſes, dentées & glabres. Ses
fleurs ſont diſpoſées en ombelles, aux extrémités
& le long des rameaux, très-grandes & remplacées par des baies, groſſes à peu près comme
de petites cériſes, & d'un beau rouge, lorſqu'elles ſont mûres.

On trouve une variété de cette eſpèce, qui
n'a point d'épines ; ſes feuilles ſont dentées plus
profondément, les nervures moins marquées,
du reſte c'eſt la même choſe.

2. **MESPILUS** *Crus galli.* Epine à feuilles
luiſantes. H. R. P. *Pear leaved Thorn.*

Cet arbre s'élève à la hauteur de quinze à
vingt pieds. Son tronc eſt fort, & pouſſe des
branches nombreuſes, horiſontales, chargées
d'épines longues & aiguës. Ses feuilles ſont
oblongues, ovales, rétrécies pour l'ordinaire
vers la baſe, dentées, glabres, épaiſſes, & d'un
verd luiſant & foncé. Il fleurit tard; ſes fleurs
ſont diſpoſées en petites grappes à l'extrémité
des rameaux : il leur ſuccède des baies d'une
groſſeur moyenne & d'un rouge obſcur.

Obſ. On ne trouve ſouvent qu'un ſtyle dans
chaque fleur.

3. **MESPILUS** *Cuneiformis.* Epine à feuilles en
coin. *Wedge leaved Meſpilus.*

Cet arbre s'élève ſouvent à vingt pieds de

hauteur ou davantage ; fon tronc eft fort , de cinq à fix pouces de diamètre , & recouvert d'une écorce rude. Ses épines font longues ; fes feuilles, glabres, cuneiformes , aiguës, doublement dentées à leurs extrémités, d'un verd luifant en-deffus , avec des nervures parallèles. Ses fleurs font difpofées en petites grappes aux extrémités des branches : il leur fuccède des fruits rougeâtres , d'une groffeur moyenne.

4. MESPILUS *azarolus major*. MESPILUS *pyrifolia*. H. R. P. Grand Azerolier. *Great Azarole , or Hawthorn.*

Le tronc de cet arbre eft fort, haut d'environ douze à quinze pieds , recouvert d'une écorce affez rude , divifé en un grand nombre de branches , & chargé d'épines nombreufes & longues. Ses fleurs font plus grandes que celles des autres efpèces , ovoïdes, anguleufes, dentées en fcie & très veinées ; fes fleurs font difpofées en corymbes au fommet des rameaux. Il leur fuccède des baies groffes & d'un rouge foncé.

5. MESPILUS *Azarolus minor*. Petit Azerolier. *Smaller Azarole , or Hawthorn.*

Cet arbriffeau reffemble beaucoup au précédent ; mais il eft plus petit dans toutes fes parties.

X

6. **Mespilus** *oxyacantha aurea.* **Mespilus** *oxyacantha flava.* H. R. P. Épine à fruit jaune. *Yellow berried Hawthorn.*

Cet arbrisseau s'élève à la hauteur de six à huit pieds. Ses épines font aiguës ; ses feuilles font un peu ovales, lobées & dentées en scie ; ses fleurs font disposées comme celles des autres espèces, remplacées par des fruits de grosseur moyenne, & d'un jaune verdâtre lorsqu'ils font mûrs.

7. **Mespilus** *apiifolia.* Épine à feuilles de persil. *Virginian Parsley leaved Mespilus.*

Cette espèce croît lentement ; elle atteint à peine la hauteur de cinq à six pieds. Ses épines font peu pointues ; ses feuilles font petites, luisantes, & très-découpées en leurs bords : ses baies font petites & rouges.

** *Sans épines.*

8. **Mespilus** *nivea.* Épine à fleurs blanches. *Early ripe, Esculent fruited Medlar, or wild Service.*

Cet arbre s'élève ordinairement à la hauteur de quinze à vingt pieds ; son tronc se divise en plusieurs branches : il n'a point d'épines. Son écorce est lisse, blanchâtre & mouchetée. Ses feuilles font ovales-oblongues, pointues, dentées, velues, blanchâtres dans le principe,

mais devenant enſuite d'un verd foncé , particulierement ſur la ſurface ſupérieure. Ses fleurs
ſont d'un blanc de neige , & diſpoſées en panicules ſur les côtés des petits rameaux : il leur
ſuccède des baies , groſſes à-peu-près comme des
grains de groſeille, liſſes , ſucculentes , douces
au goût, & d'une couleur purpurine lorſqu'elles
ſont mûres. Ses fleurs paroiſſent avant le développement des feuilles : elles ſont très-nombreuſes , & d'un aſpect très agréable. Les fruits ſont
mûrs en Juin : on trouve une variété de cette
eſpèce , qui n'en differe que par ſa petiteſſe.

9. **Mespilus** *prunifolia*. Épine à feuilles de
prunier. *Plumb leaved Medlar.*

Cette eſpèce croît naturellement dans les lieux
humides. Ses tiges ſont minces , hautes de ſix
à huit pieds , & dépourvues d'épines ; ſes feuilles ſont ovales renverſées , pointues, finement
dentées , d'un verd foncé en-deſſus , cotonneuſes , & moins vertes en-deſſous. Ses fleurs ſont
diſpoſées en grappes aux extrémités des rameaux ; il leur ſuccede de petites baies purpurines.

On en trouve une variété, qui n'a gueres que
deux à trois pieds de hauteur : elle lui reſſemble
beaucoup. Ses fruits ſont un peu plus gros & de
la même couleur.

10. **Mespilus** *Canadenſis*. Épine de Canada.
Dwarf red fruited Medlar.

Arbuſte de quatre à cinq pieds de haut , dont
les tiges ſont minces , l'écorce liſſe, & qui reſſem-

ble beaucoup au précédent. Ses feuilles font
rouges : on en trouve une variété, qui eft encore
plus petite.

Obf. Les caractères du *cratægus* & du *mefpilus*
different fi peu (1), que je crois que l'on pourroit n'en faire qu'un genre, avec bien plus de
raifon, que l'on en a eu pour réunir le hêtre &
le chataignier. Il regne une grande confufion
parmi les Botaniftes, à l'égard de ces deux genres ; quelques-uns rapportent plufieurs efpèces
au *cratægus*, & d'autres placent ces mêmes efpèces dans les *mefpilus*. J'ai fréquemment obfervé
trois ftyles dans quelques efpèces ; & , dans
d'autres, de trois à cinq; mais n'en ayant remar-
qué aucune qui en eût conftamment deux, fuivant le caractère du *cratægus*, je n'en ai point
placé dans ce genre.

Plufieurs efpèces de *mefpilus*, & un grand
nombre de variétés, font originaires de nos
Etats ; mais on ne pourra les décrire avec quelque certitude, que quand leur différence aura
été mieux connue.

Culture. Toutes les efpèces d'épines fe perpétuent par les femences, les greffes & les marcotes. Les efpèces rares fe greffent en écuffon
fur l'épine blanche, ou autre épine. Comme fes
graines ne levent pour l'ordinaire que la feconde
année, on les met en terre dès l'automne. Voici
le procédé le plus généralement employé.

Il s'agit de récolter les graines lorfqu'elles
font mûres, de les étendre en plein air, ou
mieux dans un grenier aéré ; de les y laiffer juf-

---

(1) Voyez ce que j'en ai dit à la fuite du caractère générique.

qu'à ce qu'elles foient prefque feches ; de faire enfuite , dans quelqu'endroit abrité de la pépiniere , un trou d'une profondeur proportionnée à la quantité de femences ; d'y mettre alternativement un lit de terre, un lit de graines, & de recouvrir le tout d'un pied de terre , pour n'avoir rien à craindre de la gelée. On les laiffe dans cet état jufqu'au printems de la feconde année ; alors on les feme en planche pêle-mêle avec le fable ; elles ne tarderont pas à germer. Mais ces plantes, encore tendres , ne font pas exemptes de tout danger ; elles ont à redouter les frimats du printems ; c'eft pourquoi, nous confeillons de les arrofer légèrement avant le lever du foleil , pour en empêcher l'action, & faire fondre le givre.

Si l'on n'avoit qu'en petite quantité les graines des efpèces précieufes , il faudroit les faire macérer dans l'eau pour pouvoir divifer la femence de la pulpe , les difpofer lits par lits avec de la terre un peu humide , les conferver ainfi tout l'hiver , & les femer au printems , foit en pleine terre , foit dans des terrines. Quelques-unes germeront la même année ; mais la plus grande partié ne levera que la feconde.

N. B. Tout ce qui vient d'être dit pour les épines , peut s'appliquer aux alifiers.

MITCHELLA.

(De même en François & en Anglois.)

Claß. 4. Ordre 1. Tétrandrie Monogynie.

CAL. fleurs, deux à deux, fur le même germe. Deux *périanthes* diftinéts, à quatre dents, droits, perfiftans, fupérieurs.

Cor. monopétale, en entonnoir. *Tube* cylindrique. *Limbe* à quatre divifions, ouvert, velu intérieurement.

Etam. *filets*, quatre, filiformes, droits, renfermés au fond de la corolle. *Anthères* oblongues, aiguës.

Pift. *germe*, double, orbiculaire, inférieur. *Style* filiforme, de la longueur de la corolle. *Stigmates*, quatre, oblongs.

Per. *baie*, à deux divifions, globuleufe, ombilics féparés.

Sem., quatre, comprimées, calleufes.

MITCHELLA *repens.* LINN. Mitchella rampant. *Creeping evergreen Mitchella.*

C'eft une petite plante qui croît dans les terrains expofés au nord, ombragés, & couverts de mouffe. Ses tiges font grêles, un peu ligneufes, couchées contre terre, & garnies de racines à fes nœuds. Ses feuilles font toujours vertes, épaiffes, ovales-obtufes, entières, oppofées, portées fur des pétioles courts, & marquées pour l'ordinaire d'une veine longitudinale blanchâtre ; fes fleurs font axillaires, blanches : elles fortent deux à deux de chaque bourgeon, &

il leur fuccède des petites baies rouges &
arrondies.

Culture. Cette plante fe multiplie par fes
tiges , qui prennent aifément racine. La voie
des femences n'eft guères employée : elle fe
plaît dans une terre de bruyère très-humide ; on
la trouve rarement ailleurs que dans les jardins
des curieux.

M O R U S.

M U R I E R.

The Mulberry Tree.

Claſs. 21. Ordre 4. Monoécie Tétrandrie

*FLEURS *mâles* difpofées en chatons.
Cal. *périanthe*, à quatre divifions : *folioles* ovales , concaves.
Cor. nulle.
Etam. *filets* , quatre , en forme d'alêne , droits , plus
longs que le calice , placés entre chaque feuille cali-
cinale. *Anthères* fimples.
*FLEURS femelles raffemblées fur le même arbre
que les mâles, ou fur des pieds différens.
Cal. *périanthe* , quatre pièces. *Folioles* arrondies , obtu-
fes , perfiftantes , deux oppofées extérieures , vacil-
lantes.
Cor. nulle.
Pift. *germe* , en cœur. *Styles* , deux , en forme d'alêne ,
longs , réfléchis , rudes. *Stigmates* fimples.
Pet. nul. *Calice* très-grand , charnu , devenant une *baie*
fucculente. Leur réunion forme un fruit oblong.
Sem. une , ovale , aiguë.

MORUS

Morus *rubra*. Linn. Murier rouge. *Large-lea-*
ved Virginian Mulberry Tree.

Cet arbre eſt commun dans pluſieurs cantons de l'Amérique ſeptentrionale ; il s'élève à la hauteur de vingt à trente pieds. Son tronc a depuis douze, juſqu'à dix-huit pouces de diamètre , quelquefois davantage. Ses feuilles ſont grandes , rudes, cordiformes , oblongues , pointues & en ſcie : on en trouve quelques-unes qui ſont profondément diviſées en deux ou trois lobes, ſouvent plus. Les individus mâles portent ordinairement les plus grandes feuilles. Son fruit eſt gros, d'un pourpre foncé , lorſqu'il eſt mûr, & très-agréable au goût. Comme ce murier a été trouvé très-propre à la nourriture des vers à ſoie, & qu'il croît ſpontanément & abondamment dans beaucoup de nos Provinces, il y a lieu d'eſpérer que la plupart de nos cultivateurs donneront leur attention à une culture auſſi avantageuſe.

Son bois ſert à faire d'excellens poteaux pour former des enclos.

N. B. Quoique M. Marshall annonce que cette eſpèce de mûrier ſoit très-bonne pour élever des vers à ſoie, je ſuis porté à croire que celles que l'on cultive en Italie & dans les Provinces méridionales de France, ſont bien préférables. Les feuilles du mûrier rouge de Virginie ſont très-rudes ; défauts eſſentiels , qui doivent le faire rejeter pour l'éducation des vers à foie. L'arbre d'ailleurs est beau , & mérite de trouver place dans nos jardins.

Culture. On le multiplie de marcotes , de boutures , de greffes & de graines : ces deux derniers moyens font les plus expéditifs. Les greffes se font en flûte ou en écusson sur le mûrier blanc. Il ne rapporte point encore de fruits dans notre climat , soit que l'on ne possede pas encore les deux individus, ou que ceux que l'on y a , ne soient pas assez forts. Ses graines nous viennent de l'Amérique septentrionale ; on les seme au mois de Mars , dans des pots ou terrines, que l'on place sur une couche de chaleur modérée. Lorsque les plants ont acquis une certaine force , ce qui n'a lieu au plutôt que la seconde année, on les repique en pleine terre. Celle qui sera chaude , légère & profonde, lui conviendra. Comme les gelées endommagent quelquefois les sommités des dernières pousses de cet arbre , il faudra l'hiver les envelopper de paille ou de fougere. Cette précaution sera inutile , lorsque les sujets seront forts.

M Y R I C A.

C I R I E R, *ou* A R B R E D E C I R E.

Candle-berry Myrtle.

Clas. 22. Ordre 4. Dioécie Tétrandrie.

*Fleur mâle.
Cal. *chaton* , ovale-oblong, lâche, imbriqué de tous

côtés. *Ecailles* uniflores, en forme de croiſſant, pointes émouſſées, concaves. *Périanthe propre*, nul.

Cor. nulle.

Etam. *filets*, quatre (rarement ſix), filiformes, courts, droits. *Anthères* grandes, doubles, lobes bifides.

* Fleur femelle.

Cal. comme dans le mâle.

Cor. nulle.

Piſt. *germe*, ovoïde. *Styles*, deux, filiformes, plus longs que le calice. *Stigmates* ſimples.

Per. *baie*, à une loge.

Sem. une.

Obſ. Le *myrica gale* a quatre étamines ; ſes baies ſont comprimées au ſommet & à trois lobes. Le *myrica cerifera* a ſix étamines ; ſes baies ſont charnues & arrondies.

1. Myrica *cerifera*. Linn. Cirier *ou* Arbre de cire. *Candle-berry Myrtle*.

Cet arbriſſeau croît naturellement dans les terres baſſes ; ſes tiges ſont fortes, ligneuſes, garnies de beaucoup de branches, & s'élevent à la hauteur de ſix à huit pieds. Ses feuilles ſont lancéolées, roïdes, légèrement dentées au ſommet, d'un verd luiſant, & jaunâtre en-deſſus, plus pâles en-deſſous, portées ſur des pétioles courts, & répandant une odeur aromatique lorſqu'on les froiſſe. Les chatons ſont droits, & longs d'environ un pouce. Les fleurs femelles ſont raſſemblées par paquets le long des branches. Il leur ſuccède de petites baies arrondies, & recouvertes d'une ſubſtance farineuſe, qui n'eſt autre choſe qu'une cire verte, dont on fait quelquefois des bougies.

2. Myrica *cerifera humilis.* Cirier *ou* Arbre de cire nain. *Dwarf Candle-berry Myrtle.*

C'eſt une variété de la précédente ; elle en differe en ce qu'elle eſt plus petite : ſes branches ſont moins fortes , & recouvertes d'une écorce griſâtre ; ſes feuilles ſont plus courtes , plus larges , & garnies d'un plus grand nombre de dentelures. Ses baies fourniſſent de la cire.

3. Myrica *gale.* Galé d'Amérique. *American Bog gale.*

Cet arbuſte , de deux ou trois pieds de haut, croît naturellement dans les marais & les fon- drières. Ses tiges ſont ligneuſes ; ſes feuilles ſont lancéolées , glabres , & un peu dentées en ſcie vers la pointe. Ses baies ſont sèches , compri- mées au ſommet , & à trois lobes.

Nota. On trouve en Caroline deux eſpèces *d'arbres de cire* ; l'une parvient à la hauteur de trente à quarante pieds , & croît dans les lieux ſablonneux & fertiles ; l'autre s'élève à peine à deux pieds. Ses tiges ſont grêles , & ſes feuilles très-petites : je les crois différentes de celles rapportées dans ce Catologue.

Culture. Les *ciriers* ſe multiplient de dra- geons , de marcotes , mais plus aiſément de graines , qu'il faut ſemer au printems , dans une terre légère , humide , & à une expoſition om- bragée : elles exigent de fréquens arroſemens dans les tems ſecs.

Ces arbres fe plaifent près de l'eau ; ils réuffi-
roient fort bien dans nos terrains marécageux ,
où il eft à defirer que l'on veuille les propager.
Tout le monde fait combien il feroit avantageux
de boifer ces lieux infects , & de leur faire produire quelque chofe d'utile. L'arbre de cire
rempliroit ce double objet ; outre qu'il contri-
bueroit à purifier l'air , il procureroit encore
une récolte abondante de graines , dont on
retiroit une cire , qui , quoique groffière , pourroit être de quelque ufage dans l'économie do-
meflique.

N Y S S A.

T U P É L O.

The Tupelo - Tree.

Clafs. 23 , Ordre 2. Polygamie Dioécie.

FLEURS mâles & hermaphrodites (dans quelques
efpèces mâles & femelles) , fur des pieds différens.
    * Fleur mâle.
Cal. *Périanthe* à cinq divifions , droit , ouvert fur un
    fond plâne.
Cor. nulle.
Etam. *filets* , dix , en forme d'alêne , plus courts que
    le calice. *Anthères* doubles , de la longueur des
    filets.
    * Fleur hermaphrodite.
Cal. *Périanthe* , comme dans le mâle , placé fur le
    germe.
Cor. nulle.
Etam. *filets* , cinq , en forme d'alêne , droits. *Anthères*
    fimples.

Pist. *germe*, ovale, inférieur. *Style* en forme d'alêné ; courbé, plus long que les étamines. *Stigmate* aigu.

Per. *bïou*, à une loge.

Sem. *noyau*, ovale, aigu, fillonné longitudinalement, angulaire, irrégulier.

Obf. Le *nyffa fylvatica* porte des fleurs mâles & des fleurs femelles fur des arbres différens.

1. NYSSA *aquatica*. Tupélo aquatique. *Virginian Water Tupelo Tree.*

Cet arbre croît natureliement dans des marais, auprès des grandes rivières en Caroline & en Floride ; fa tige droite & forte s'élève à la hauteur de quatre-vingt ou cent pieds, & fe divife en un grand nombre de branches vers le fommet. Ses feuilles font affez grandes, ovales-lancéolées, ordinairement entières, mais quelquefois un peu dentées, & couvertes en-deffous d'un duvet blanchâtre, portées fur des pétioles longs & minces, & fixées fur les rameaux en manière de verticilles ; ce qui leur donne un afpect très-agréable. Ses baies ont à peu près la forme & la groffeur d'une petite olive ; elles font confervées de la même manière par les François qui habitent les bords du Miffiffipi, où cet arbre eft très-abondant, & porte le nom d'*olivier*. Son bois, blanc & mou lorfqu'il n'eft pas fec, devient liffe & compacte à mefure qu'il feche ; il fert à faire des boules, des baquets, & autres uftenfiles.

2. N y s s a *Ogeche.* Tupélo Ogeche, *The Ogeche
Lime Tree.*

(Catalogue de *Bartram.*)

Ce bel arbre eſt originaire des Provinces du
Sud, où il croît ordinairement dans l'eau, &
s'élève à la hauteur d'environ trente pieds. Ses
feuilles ſont oblongues, d'un vert luiſant &
foncé en-deſſus, & un peu blanches en-deſſous.
On trouve des fleurs mâles & femelles ſur des
individus différents; elles ſont diſpoſées ſur des
pédoncules multiflores. Ses fruits ſont un peu
ovales, d'un rouge foncé, de la groſſeur d'une
prune de damas, & d'un goût acide.

3. N y s s a *ſylvatica.* Tupélo de montagne.
Upland Tupelo Tree, or Sour Gum.

Cet arbre eſt originaire de Penſylvanie; peut-
être le trouve-t-on auſſi dans d'autres cantons.
Son tronc, dont le diamètre a quelquefois près
de deux pieds, s'élève à la hauteur de trente
ou quarante; ſes branches ſont nombreuſes,
horiſontales, & ſouvent pendantes. Ses feuilles
ſont ovales-renverſées, un peu pointues, entières, d'un vert foncé & luiſant en-deſſus,
mais plus pâles, & légèrement velues en-def-
ſous. Celles des individus mâles ſont quelquefois
plus étroites, & d'autres fois lancéolées. Ses
fleurs ſont portées ſur des pédoncules communs
aſſez longs, axillaires aux jeunes rameaux, &

divifés irrégulièrement en plufieurs parties (ordinairement fix ou dix). Chacun fupporte une
petite fleur, dont le calice eft compofé de fix à
fept pièces linéaires & inégales. Les étamines y
font au nombre de fix ou huit, terminées par
des antheres courtes, à quatre lobes. Les fleurs
femelles font moins nombreufes, portées fur
pédoncules plus longs, fimples, cylindriques,
épaiffis vers l'extrémité, ordinairement triflores,
avec un petit involucre, compofées de cinq
petites folioles ovales, dans le centre defquelles
eft placé un ftyle en forme d'alêne, courbé,
furmontant un germe oblong & inférieur. Il leur
fuccède des baies ovales, oblongues, d'un
pourpre obfcur lorfqu'elles font mûres. Son
bois, d'un grain ferré & difficile à fendre, fert
à faire des moyeux de roue, des charrettes, des
voitures, &c.

Nota. Ces arbres font encore affez rares & peu
connus. Nous n'avons reçu jufqu'à préfent des
graines, que de la première & troifième efpèce.
Plufieurs Catalogues font mention du *Nyffa ogeche ;* mais il ne nous eft jamais parvenu.

Culture. Les *tupélos* fe perpétuent par les graines, que l'on feme au printems, dans une terre
de bruyere paffablement fraîche, & à une expo-
tion ombragée. Comme l'amande eft renfermée
dans un noyau très-dur, il fera bon de les faire
tremper quelques jours dans l'eau, avant de les
femer. Celles du *tupélo aquatique* exigeant plus
d'humidité que les autres, doivent auffi être
arrofées plus fouvent : on pourroit les femer
dans des pots ou terrines, fous lefquelles on

placeroit des jattes de terre toujours remplies d'eau. Elles ne germent quelquefois que la feconde année.

Ces arbres méritent de trouver place parmi ceux que nous eftimons le plus. La dureté de leur bois les rendra propres à une infinité d'ufages. On a vu dans quels terrains croiffent les deux premières efpèces. Quant à la troifième, je crois qu'un fol léger, un peu humide & profond, lui conviendra.

O L E A.

O L I V I E R.

The Olive Tree.

Claſs. 2. Ordre 1. Diandrie Monogynie.

C A L. *périanthe*, une pièce, tubulé, petit, caduque : *ouverture* droite, à quatre dents.

Cor. monopétale, en entonnoir. *Tube* cylindrique, de la longueur du-calice. *Limbe* à quatre divifions, plâne : *découpures* prefque ovales.

Etam. *filers*, deux, oppofés, en forme d'alêne, courts. *Anthères* droites.

Pift. *germe* arrondi. *Style* fimple, très-court. *Stigmate* bifide, épaiffi, divifions échancrées.

Per. *brou*, un peu ovale, glabre, à une loge.

Sem. *noyau*, ovale-oblong, ridé.

Obf. L'olivier d'Amérique a des Fleurs mâles & femelles, avec des Fleurs hermaphrodites fur la même plante ; fes fruits font ovoïdes, un peu ftriés, troués à la bafe.

(154)

OLEA *Americana.* **LINN.** Olivier d'Amérique;
American Olive Tree.

Ce bel arbre , toujours vert , croît naturellement en Caroline & en Floride. Ses feuilles
font oppofées , un peu oblongues , très entieres,
pétiolées , épaiffes , & d'un vert luifant fur leur
furface fupérieure. Ses fruits font un peu ovales,
de la groffeur d'un œuf de moineau , & d'une
belle couleur pourpre tirant fur le bleu.

Culture. Cette efpèce eft encore très-rare dans
nos jardins , & mérite l'attention des curieux :
on la multiplie de boutures & de marcotes, que
l'on fait au printems dans une terre légere &
fraîche. Ses graines pourroient encore fervir à
la perpétuer , s'il étoit plus aifé de s'en procurer.
On ne devra la rifquer en plein air, que lorfque
l'on en fera pourvu de plufieurs individus.

PHILADELPHUS.

SYRINGA.

Syringa , or mock Orange.

Clafs. 12. Ordre 1. Icofandrie Monogynie.

CAL. *périanthe*, une pièce , à quatre divifions , aigu ;
perfiftant.
Cor. *pétales*, quatre , arrondies , plânes , grands , ouverts.
Etam. *filets* , vingt , en forme d'alêne , de la longueur
du calice. *Anthères* droites , marquées de quatre
fillons.

Piſt. *germe*, inférieur. *Style* filiforme, à quatre diviſions *Stigmate* ſimple.

Per. *capſule*, ovale, aiguë des deux côtés, recouverte à moitié par le calice, quatre loges, quatre valves.

Sem. nombreuſes, oblongues, petites.

PHILADELPHUS *inodorus.* LINN. Syringa ſans odeur. *Carolinian Scentleſs Syringua.*

Cet arbriſſeau paſſe pour être originaire de Caroline. Sa tige eſt ligneuſe, haute de douze à quinze pieds. Ses feuilles ſont oppoſées, entières, ſemblables à celles du poirier, & portées ſur des pétioles aſſez longs. Ses fleurs ſont paſſablement grandes, compoſées chacune d'un calice à quatre pièces, grand, aigu; de quatre pétales blancs, ovales, ouverts, & d'un grand nombre d'étamines, dont les ſommets ſont jaunes. Il craint le grand froid.

Nota. Cette eſpèce d'arbriſſeau eſt peu connue en France. D'après ce qu'en dit M. Marshall, il y a lieu de croire qu'elle ne pourroit point ſupporter en pleine terre la rigueur de nos hivers. M. Miller aſſure cependant qu'elle a proſpéré dans le jardin de Chelſea, en Angleterre, pendant près de deux ans, mais que le froid de 1740, l'a totalement détruite. Le docteur Hales lui en avoit envoyé pluſieurs fois des graines de Caroline; mais elles n'ont jamais réuſſi. On peut la multiplier de marcotes.

P I N U S.

P I N.

The Pine Tree.

Claſs. 21. Ordre 9. Monoécie Monadelphie.

*F*LEURS *mâles* diſpoſées en grappes.

Cal. *bouton*, écailles entr'ouvertes, & point d'autre calice.

Cor. nulle.

Etam. *filets*, nombreux, réunis inférieurement en colonne droite, diviſée par le ſommet. *Anthères* droites, nues.

* Fleurs *femelles* ſur la même plante.

Cal. *cône commun*, ovale, formé d'écailles biflores, oblongues, imbriquées, roides, perſiſtantes.

Cor. nulle.

Piſt. *germe*, très-petit. *Style* en forme d'alêne. *Stigmate* ſimple.

Per. nul. *Cône* calicinal, d'abord fermé, mais dont les écailles ne ſont enſuite que rapprochées.

Sem. graine ſurmontée d'une aîle membraneuſe, plus grande qu'elle, mais plus petite que l'écaille du cône ; oblongue, droite d'un côté, renflée de l'autre.

1. PINUS *echinata*. Miller, Dict. nº. 12. Pin à cône épineux. *Three leaved prickly-coned Baſtard Pine.*

Cet arbre eſt originaire de Virginie. Ses feuilles ſont longues, étroites, diſpoſées quelquefois trois à trois, ou bien deux à deux dans chaque gaîne. Ses cônes ſont longs, minces, & chargés d'écailles terminées en pointe.

2. P i n u s *paluſtris*. Miller; Dict. n°. 14. Pin de marais. *Longeſt three leaved Marsh Pine.*

Cette eſpèce ſe trouve dans la Caroline du Sud, où elle ne parvient qu'à une hauteur moyenne. Ses feuilles viennent trois à trois dans chaque gaîne. Ses cônes ſont grands, s'ouvrent en automne, & laiſſent échapper leurs ſemences. Elle eſt eſtimée autant qu'aucune autre pour donner du goudron.

3. P i n u s *rigida*. Miller, Dict. n°. 10. Pin de Virginie à trois feuilles. *Common three leaved Virginian Pine.*

Cet arbre eſt celui qui ſe trouve le plus communément dans toutes nos Provinces. Il s'éleve ſouvent à la hauteur de ſoixante à ſoixante dix pieds. Son tronc eſt gros, droit, & garni de branches vers ſon ſommet. Ses feuilles ſont aſſez longues, diſpoſées trois à trois dans chaque gaîne ; ſes cônes ſont pour l'ordinaire raſſemblés en paquets autour des branches, longs d'environ trois pouces, & garnis d'écailles roides. On voit, dans quelques parties reculées de cette contrée, des forêts entières de pluſieurs centaines d'âcres de cette eſpèce d'arbre, dont on fait quantité de planches, & que l'on flotte enſuite ſur quelques-unes de nos grandes rivières.

✳

4. **Pinus** *strobus*. **Linn**. Pin du Lord Weimouth. *New-England , or White Pine.*

Cet arbre eſt un des plus grands que nous poſſédions ; on en trouve qui ont cent pieds de hauteur ou davantage. Son tronc eſt gros, droit, garni d'un grand nombre de branches , & recouvert d'une écorce liſſe. Ses feuilles ſont longues , minces , placées cinq à cinq dans chaque gaîne. Ses cônes ont ſouvent ſix à ſept pouces de longueur , & ſont couverts de réſine dont l'arbre abonde ; ils s'ouvrent pour l'ordinaire au commencement de Septembre, & bientôt après laiſſent tomber leurs graines. Il eſt très commun vers les ſources de quelques unes de nos rivières , dont on en flotte de grandes quantités. Il ſert à la conſtruction des vaiſſeaux ; on en fait de bons mâts , des vergues, &c.

5. **Pinus** *tæda*. **Linn**. Pin à l'encens. *Virginian Swamp , or Frankincence Pine.*

Cet arbre devient aſſez grand ; ſes feuilles ſont très longues , étroites , & portées trois à trois dans chaque gaîne. Ses cônes ſont paſſablement longs & gros. Il peut , ainſi que les autres eſpèces , fournir de bonnes planches , de la réſine & du goudron.

6. **Pinus** *Virginiana*. Miller , Diɛt. n°. 9. Pin de Virginie à deux feuilles , *ou* Pin de Jerſey. *Two leaved Virginian , or Jerſey Pine.*

Cet arbre n'eſt pas fort grand , & porte des

branches nombreuſes. Ses feuilles ſont plus larges, plus courtes, d'un vert plus foncé que celles des autres eſpèces, & portées deux à deux dans chaque gaîne. Ses cônes ſont petits ; chacune des écailles ſe termine en une pointe couverte de piquans : on l'appelle, dans quelques cantons, *Pin ſpruce*.

Culture. Comme les cônes de la plupart des eſpèces de pins acquièrent leur parfaite maturité pendant l'hiver, il ſera à propos de ne les cueillir que vers le mois de Février, & de choiſir ceux qui ſont attachés aux dernieres pouſſes des arbres, dont les écailles ſont exactement jointes, & qui ont une couleur de canelle. Les cônes, quoique vuides, reſtent ſur les arbres deux ou trois ans : c'eſt préciſément ceux-là qu'il faudra rejeter. On les reconnoîtra aiſément à leur couleur cendrée. Les cônes à écailles tendres, tels que ceux du pin du lord, du pin alviez, ſapin, baumier de Gilead, &c., doivent être récoltés au mois de Novembre. On en tirera auſſi-tôt les graines ; on les rangera lits par lits avec du ſable ſec, & on les placera dans des boîtes que l'on tiendra en lieu ſec. Quant aux cônes cueillis en Février, on les étendra ſur des toiles, que l'on expoſera au ſoleil pendant le jour, & que l'on mettra à l'abri tous les ſoirs. Les graines ne tarderont pas à ſortir ; on les ramaſſera à meſure, ayant ſoin de les diſpoſer avec du ſable, ainſi qu'il vient d'être dit.

La ſaiſon la plus favorable pour ſemer les pins, eſt la fin de Mars, ou le commencement d'Avril. Il faut, à cet effet, choiſir une expoſition au nord ou au levant , abritée par des murs ou des grands arbres ; & , à leur défaut, par des paillaſſons de ſept à huit pieds de haut , placés perpendiculairement au bord des planches deſtinées à être ſemées , & qui n'excéderont pas la largeur de trois pieds & demi. La terre doit en être légere ; ſi elle ne préſentoit pas cet avantage, & qu'elle eût trop de ténacité, il faudroit y mêler du ſable, dont les parties ſeroient déſunies. Les perſonnes qui ont la facilité de ſe procurer de la terre de bruyere , peuvent eſpérer un ſuccès plus aſſuré. On couvrira les graines d'environ un quart de pouce de la même terre ; on ſarclera ſoigneuſement les mauvaiſes herbes, & on arroſera quelquefois dans les tems ſecs. Comme il eſt eſſentiel que ces arroſemens ſoient légers, on fera en ſorte de ſe procurer des arroſoirs , dont les pommes ſoient percées de trous aſſez fins. Des arroſemens bruſques & abondans font périr plus de jeunes pins que le manque d'eau ; c'eſt pourquoi , quelques perſonnes, pour parer aux inconvéniens qui peuvent réſulter des pluies trop fréquentes , & particulierement de celles d'orage , ont l'attention de diſpoſer , ſur le ſemis , des paillaſſons en faitiere ; ce qui offre encore le double avantage de les préſerver de l'ardeur du ſoleil , ſi l'on a été forcé de ſemer à une expoſition chaude. On ne doit pas cependant négliger de donner de l'air aux jeunes plantes ; pour cela , il ſuffit d'ôter les paillaſſons tous les ſoirs , lorſque le tems ſera beau , & même dans la journée , lorſqu'il ſera couvert , pourvu toutefois qu'il n'y ait point d'orage à craindre.

Les

· Les perſonnes qui n'auront qu'une petite quantité de graines, doivent les ſemer dans des pots, caiſſes ou terrines, remplies d'une terre légère, qu'elles auront ſoin de placer à l'expoſi-tion du levant.

Nous avons dit qu'il falloit couvrir les graines, d'environ un quart de pouce de terre; mais leur groſſeur doit ſervir de regle. Cette épaiſſeur ſuffira pour les plus fines, telles que celles du pin de Virginie, & autres. Celles du pin du Lord Weimouth devront être enterrées d'un demi pouce, & il faudra couvrir de neuf à dix lignes celles du pin cultivé.

Les grands ſemis à demeure de ces ſortes d'arbres, ſe font dans des terrains arides & in-cultes, à l'abri des brouſſailles, ou bien dans des planches ou liſières, de plus ou moins d'é-tendue, que l'on aura labouré à cet effet, afin de détruire les plantes nuiſibles, & particuliè-rement les racines traçantes, qui feroient périr les jeunes arbres. Les plantes annuelles, bien loin de leur nuire, les protégeront. On peut auſſi répandre pêle-mêle avec la graine, un peu d'avoine, ſur laquelle on paſſera légèrement le rateau. Cette plante abritera les jeunes pins de l'ardeur du ſoleil, & les garantira des vents deſ-ſéchans.

Les perſonnes qui ſeront bien aiſe de ſe dé-dommager un peu des frais aſſez conſidérables d'une première culture, doivent donner aux planches de ſemis, deux pieds ſeulement, & laiſſer entre deux planches un eſpace de cinq

L

pieds , où l'on femera de l'avoine. Outre le bé-
néfice qu'elle procurera , elle ne contribuera
pas peu à ombrager les jeunes plantes dans la
faifon chaude.

Revenons maintenant aux femis de la pépinière. Si tout a concouru au développement des
graines , elles auront levé au bout de cinq ou
fix femaines , & des foins poftérieurs mettront
les jeunes pins en état d'être tranfplantés dès la
feconde ou la troifième année , en planches ,
à huit ou dix pouces de diftance. Cette opération doit fe faire vers la fin de Mars, ou le commencement d'Avril , par un des jours nébuleux
de cette faifon. Dès que l'on a levé les plants
des femis , on les met dans la terre , pour empêcher le defsèchement de leurs racines encore
foibles. En les prenant fucceffivement pour les
planter , on trempe les racines dans une terrine ,
où l'on a mélangé une certaine quantité de terre
légère & d'eau , jufqu'à confiftance de mortier
liquide ; enfuite on les foupoudre avec une autre terre très-sèche, pour leur former une efpèce
de motte , qui facilite beaucoup leur reprife.
(Ce procédé peut être employé pour toutes
fortes d'arbres dans quelqu'état qu'on les plante;
mais alors il faudra fuppléer à la terre légère de
l'enduit , une bonne terre franche.) Malgré
cette précaution , il feroit utile , pour que les
arrofemens ne battent pas trop la terre , & que le
foleil la deffeche moins facilement , de répandre
fur les planches, de la menue paille , qui toutefois n'aura pas été fous les pieds des chevaux ;
car le crotin , ainfi que le terreau de couche ,

font en général nuisibles à tous les arbres verds.
Deux ans après, on transplantera ces pins en
pépinière, en les espaçant à deux pieds en tout
sens ; on les y laissera deux autres années, après
lesquelles on pourra les planter à demeure. Si à
cette époque, on n'avoit pas encore destiné de
terrains pour les recevoir, il faudroit les changer
de nouveau de place, en les espaçant davantage.
Tous ces mouvemens feront pousser aux arbres
beaucoup de racines latérales, qui assureront leur
progrès futurs.

Si l'on se proposoit de planter des pins à un
très-grand éloignement du lieu où ils ont été
semés, il faudroit la seconde année, les repiquer
dans des pots ; deux ans après, les mettre dans
de plus grands, les y laisser deux autres années,
après lesquelles on pourroit les transporter par-
tout avec la plus grande sûreté. Quelques personnes employent cette méthode, uniquement
pour faciliter la première reprise ; elle leur laisse
la liberté de les placer à l'abri de quelques murs
(position bien avantageuse) ; mais deux ans après,
elles les distribuent en planches, à deux pieds &
demi ou trois pieds de distance, & ne les ôtent
que pour les planter à demeure.

Les pins d'Amérique, qui méritent le plus
l'attention du cultivateur, font ceux du Lord
Weimouth & de Virginie à trois feuilles. Ceux
d'Europe font les pins d'Ecosse, de Bordeaux
ou maritime, & Laricio. Je n'indique point le
pin cultivé pour les grandes plantations, attendu
que les gelées l'endommagent quelquefois.

Quoique tous ces arbres croissent pour l'ordinaire fur un fol aride & pierreux ; ils viennent cependant mieux & plus vîte dans les terres légères qui ont beaucoup de profondeur.

S'il étoit plus aifé de fe procurer des graines du pin de marais , n°. 2 , je confeillerois de le propager, ne fût-il propre qu'à garnir les terrains humides & tourbeux , où il ne croît pour l'ordinaire que des joncs & des rofeaux.

PINUS ABIES.

SAPIN.

The Fir-Tree.

Voyez les caractères du pin. Ceux des fapins & des fapinettes en different peu ; leurs feuilles font fimples.

1. PINUS *Abies balfamea.* PINUS *balfamed.* LINN. Beaumier de Gilead. *Balm of Gilead Fir-Tree.*

Cet arbre s'élève à la hauteur de trente à quarante pieds ; il eft garni d'un grand nombre de branches, principalement fur deux côtés. Ses feuilles font fermes , linéaires , affez femblables à celles de l'*if*. La furface du tronc eft prefqu'entièrement couverte de petites veffies , remplies d'une efpèce de baume ou thérébentine claire. Ses cônes font affez grands , tombent en automne , & fe dépouillent alors de leurs écailles.

2. Pinus *Abies Canadenſis.* **Pinus** *Canadenſis.*
Linn. Épinette blanche du Canada. *New-*
foundland Spruce.

Cette eſpèce offre trois variétés , qui ne ſau-
roient être diſtinguées que par la couleur de
leurs cônes : ils ſont blancs , rouges ou noirs.
Les arbres ſont très-beaux , & deviennent quelquefois aſſez grands. Leurs feuilles ſont roides ,
linéaires , légerement cannélées ſur les deux
ſurfaces, plus petites que celles du beaumier de
Gilead , & placées irrégulierement autour des
rameaux : on ſe ſert de leurs pouſſes pour faire
une excellente bierre.

3. Pinus *Abies Americana.* **Abies** *Americana.*
Miller , Dict. n°. 6. Sapinette à feuilles d'if.
Hemlock Spruce Fir-Tree.

Cet arbre devient quelquefois très-grand ; ſon
tronc eſt en général aſſez mince , & garni de
branches , dont la direction eſt un peu horiſontale. Ses feuilles reſſemblent beaucoup à celles
de l'*if*; elles ſont diſpoſées ſur les côtés latéraux
des rameaux , & applaties comme celles des
ſapins argentés d'Europe. Les cônes ſont très-
petits , ovales-oblongs , & compoſés d'écailles
lâches. On croit que ſon écorce peut ſervir à
tanner les cuirs. Les naturels du pays en teignent
en rouge leurs paniers.

Obſ. La *culture* des ſapins , ſapinettes , épi-
céas , eſt la même que celle des pins. *Voyez* cet
article.

Les cônes des efpèces décrites ci-deffus, nous viennent de l'Amérique feptentrionale. Ils arrivent pour l'ordinaire dans l'hiver ; & comme l'on eft bien aife de femer leurs graines le printems fuivant , on fe hâte de les faire ouvrir, & on y emploie des ouvriers, qui, quoique intelligens, ne laiffent pas que de gâter beaucoup de femences , fe fervant à cet effet de couteaux : ce procédé eft pénible & très-long. Il feroit bien préférable d'expofer les cônes au foleil, & de fuivre en tout le procédé que nous avons indiqué pour les pins. Si le mois de Mars offre quelques jours chauds , il fera poffible de retirer les graines, pour les femer au commencement d'Avril; mais fi la faifon étoit trop avancée , il faudroit les mêler avec du fable , & les tenir en lieu fec jufqu'à l'année fuivante.

Les graines des arbres réfineux fe confervent plufieurs années dans leurs cônes ; c'eft pourquoi , il faudra ne faire ouvrir que ce qui fera néceffaire pour fon ufage. L'excédant de la provifion doit être renfermé dans un endroit qui ne foit ni trop chaud , ni trop humide.

PINUS LARIX.

MÉLEZE.

The Larch-Tree.

Obf. Les caractères du *méleze* font les mêmes que ceux du pin. Les cônes font ovales , & les feuilles raffemblées en faifceau.

1. Pinus Larix *rubra*. Larix *rubra*. H. R. P. Méleze rouge. *Red American Learch-Tree.*

Le tronc de cet arbre eſt droit, mince , & s'é-leve à une hauteur conſidérable. Ses branches ſont nombreuſes & grêles ; ſes feuilles ſont aſſez longues, linéaires , molles, raſſemblées en petits faiſceaux autour des branches , d'un vert clair , & caduques. Les cônes , longs d'environ trois quarts de pouce , prennent une belle couleur rouge. Il s'ouvrent de bonne heure en automne, & laiſſent échapper des ſemences très-petites & aîlées.

2. Pinus Larix *alba*. Weston. Méleze blanc. *White American Larch-Tree.*

Cette eſpèce eſt variété de la précédente ; elle en diffère très-peu , ſi ce n'eſt par ſes cônes, qui ſont d'un blanc verdâtre.

3. Pinus Larix *nigra*. Weston. Méleze noir. *Black American Larch-Tree.*

C'eſt auſſi une variété du premier. Ses cônes ſont noirs

Obſ. Le *méleze* d'Europe mérite la préférence ſur celui d'Amérique pour les grandes planta-tions ; il eſt infiniment plus beau , & d'une plus grande taille. Son utilité devroit le faire cultiver plus généralement. Cet arbre languit quelque-fois les trois ou quatre premières années ; mais lorfqu'il eft accoutumé au terrain, il croît avec une vîteffe extrême. Il fe plaît fingulierement fur les hauteurs. Quant à la culture, elle eft la même que celle des pins. J'obferverai feulement, que comme le *méleze* perd fes feuilles l'hiver, & qu'il eft très hâtif, il doit être planté beaucoup plutôt que les autres arbres verds, & toujours avant le développement de fes bourgeons ; c'eft à-dire, dans le commencement de Mars , ou même en automne.

P L A T A N U S.

P L A T A N E.

The Plane-Tree.

Claffe 21. Ordre 8. *Monoécie Polyandrie.*

* F L E U R S *mâles* compofées, difpofées en chatons globuleux.

Cal. quelques *découpures* très-petites.

Cor. à peine vifible.

Etam. *filets*, oblongs , renflés à leur partie fupérieure, colorés. *Anthères* quadrangulaires, entourées d'un filament à fa partie intérieure.

* *Fleurs femelles* difpofées en fphère , nombreufes fur le même arbre.

Cal. *écailles* , plufieurs, très-petites.

Cor. *pétales* , plufieurs , concaves, oblongs , en forme de maffue.

Pift *Germes* , nombreux , en forme d'alêne , terminés en ftyles en forme d'alêne. *Stigmates* recourbés.

Per. nul. *Fruits* nombreux , difpofés en fphère.

Sem. oblongue, anguleufe, en forme de maffue , placée fur un ftyle filiforme , terminée par un ftyle en forme d'alêne. *Aigrette* capillaire , adhérente à la bafe de la femence.

Obf. Les parties des fleurs doivent être examinées avec beaucoup d'attention.

Platanus *Occidentalis.* **Linn.** Plâtane d'Occident. *American Plane-Tree , or Large Button Wood.*

Cet arbre eſt commun ſur les bords des rivieres dans différentes parties de l'Amérique ; il croît très-vîte , & s'éleve à la hauteur de ſoixante à ſoixante-dix pieds , avec un diamètre d'environ trois pieds. Ses branches ſont divergentes , d'une longueur moyenne; ſon écorce , ainſi que celle du tronc , tombe chaque année par écailles. Ses feuilles ſont grandes , anguleuſes, avec quelques dents aiguës ſur les bords , d'un vert clair en-deſſus , plus pâles , & un peu cotonneuſes en-deſſous , alternes , & portées ſur de longs pétioles. Les fleurs , diſpoſées ſphériquement , ont des pédoncules très-longs ; ſon bois ſert quelquefois à faire des planches. Nos cardiers l'ont employé depuis peu pour les manches ou doſſiers de leurs peignes à carder.

Culture. Le *platane* ſe perpétue par les ſemences, les boutures , mais plus généralement par les marcotes, que l'on fait dans le mois de Mars. Un an ſuffit pour leur faire prendre racine; après ce tems , on les plante en pépiniere à environ deux pieds & demi ou trois pieds de diſtance , dans un terrain humide & fort. Lorſque ces arbres auront acquis une groſſeur ſuffiſante pour l'objet auquel on les deſtine, on pourra les placer à demeure.

Les boutures ſe feront vers le commencement de Mars ; on coupera les branches d'environ quinze pouces de longueur, dont huit à dix feront enfoncées en terre. Elles croîtront rapidement, ſi on a eu ſoin de laiſſer à leur extrémité inférieure un peu de vieux bois : on ne doit pas non plus négliger les arroſemens, ſi on eſt à portée de l'eau. Les boutures ſeront en état d'être miſe en pépiniere dès la ſeconde année.

Quoique l'on ne ſoit point dans l'uſage de ſemer les graines de platane, je conſeille cependant de le faire, & de préférer celles qui nous viennent d'Amérique. Il ne s'agit que de ſes répandre ſur la terre, dès qu'elles ſont mûres, de les couvrir modérement, & de leur procurer quelque abri pendant l'hiver. Ce procédé donnera de bonnes plantes, & en abondance. On a cru juſqu'à préſent, que le bois du platane étoit peu utile ; mais nous ſommes aſſurés qu'il eſt propre à une infinité d'uſages. D'ailleurs, c'eſt un des plus beaux arbres d'ornement qui puiſſe être cultivé. Il croît très-rapidement dans les lieux humides.

POPULUS.

PEUPLIER.

The Poplar-Tree.

Claſs. 22. Ordre 7. Dioécie Octandrie.

* **F**LEURS mâles.

Cal. *chaton commun* , oblong, lâchement imbriqué, cylindrique, compofé *d'écailles* uniflores , oblongues : plânes , déchirées fur les bords.

Cor. *pétales* , nuls.
Neòaire monophylle ; en forme de poire à fa partie inférieure , tubulé , terminé en haut, & obliquement, par un limbe ovale.

Etam. *filets* , huit , très-courts. *Anthères* grandes , quadrangulaires.

* Fleur femelle.

Cal. *chaton* & *écailles* , comme dans le mâle.

Cor. *pétales* , nuls. *Neótaires* , comme dans le mâle.

Pift. *germe* , ovale-aigu. *Style* , à peine vifible. *Stigmate* à quatre dents.

Per. *capfule* , ovale, deux loges , deux valves : petites *valves* réfléchies.

Sem. nombreufes , ovales. *Aigrette* capillaire , légère.

1. **POPULUS** *deltoïde.* Peuplier à feuilles triangulaires. *White poplar, or Cotton tree of Carolina.*

(Catalogue de *Bartram.*)

Le tronc de ce grand arbre eft recouvert d'une écorce blanche & liffe , femblable à celle du tremble. Ses feuilles font grandes, prefque triangulaires , dentées profondément, d'un vert foncé en-deſſus, blanches en-deſſous, & portées ſur des pétioles longs & minces ; ce qui fait qu'elles ſont preſque toujours en mouvement. Son bois eſt blanc, ferme, élaſtique, & employé ordinairement pour faire des enclos. On le trouve dans les terrains fertiles, & ſur les bords des rivières en Caroline & en Floride.

2. POPULUS *heterophylla.* Peuplier argenté,
Virginian Poplar-tree.

Cet arbre devient aſſez grand ; ſes branches ſont fortes & paroiſſent avoir quatre angles. Ses feuilles ſont grandes & de différentes formes : on en trouve d'arrondies ; d'autres en cœur, légèrement dentées en ſcie, & cotonneuſes dans leur jeuneſſe.

3. POPULUS *nigra.* Peuplier de Virginie,
Black Poplar.

Cet arbre ne s'élève pas bien haut. Son écorce eſt rude & noirâtre ; ſes feuilles ſont un peu triangulaires, terminées en pointes aſſez longues, dentées obtuſement, portées ſur des pétioles paſſablement longs, glabres, & d'un vert clair à leur ſurface ſupérieure, plus pâles, & légèrement cotonneuſes à leur ſurface inférieure.

4. POPULUS *tremula.* Peuplier de Canada,
American Aſpen-tree.

Cet arbre s'élève ordinairement à la hauteur d'environ trente pieds. Son écorce eſt liſſe &

blanchâtre ; fes feuilles font petites, glabres des deux côtés, d'un vert foncé en-deffus, plus pâles en-deffous, arrondies & un peu pointues, légérement crénelées, ondulées fur les bords, & portées fur des pétioles affez longs, arrondis à la bafe, mais comprimés vers les feuilles. Les chatons font grands, & paroiffent de bonne-heure au printems.

5. POPULUS *balfamifera.* POPULUS *viminea.* H. R. P. Peuplier Liard ? *Balfam, or Tacamahac-tree.*

Le tronc de cet arbre eft d'une grandeur moyenne, & recouvert d'une écorce d'un brun clair. Ses feuilles font grandes, un peu cordiformes, légèrement dentées, d'un vert foncé en-deffus, plus pâles en-deffous. Ses bourgeons fourniffent une réfine, connue dans les boutiques fous le nom de *tacamahaca.*

6. POPULUS *balfamifera lanceolata.* Peuplier baumier. *Lance-leaved Balfam-tree.*

Cet arbre eft une variété du précédent ; il refte petit, & croît très-lentement. Ses feuilles font lancéolées, d'un vert clair en-deffus, mais blanchâtres & panachées, avec des veines brunâtres en-deffous. Ses dentelures font peu fenfibles ; fes pétioles font courts, cannelés, & par fois un peu rougeâtres.

Nota. Comme le genre des peupliers offre beaucoup de variétés, & que d'ailleurs les individus mâles different pour l'ordinaire des femelles , il est aisé de confondre plusieurs de leurs espèces ; la même porte quelquefois deux ou trois noms différens : ce qui ne laisse pas que d'être assez embarrassant. Le tems & une attention suivie peuvent seuls nous donner des éclaircissemens sur des arbres aussi intéressans.

Quoi qu'il en soit , le peuplier , connu généralement dans les pépinieres sous le nom de *peuplier de Canada* , mérite la préférence sur tous ceux qui nous viennent d'Amérique. Son feuillage est beau , & la disposition de ses branches arrondie. Son bois est supérieur à celui de toutes les autres espèces ; on en fait de bonnes planches.

Culture. Tous les peupliers se multiplient de boutures , de marcotes ; quelques uns , de rejetons , qu'on leve de terre au printems , pour les mettre en pépiniere. Les boutures se font dans le mois de Février ; on les espace de sept à huit pouces dans les rangs. L'année d'ensuite , on en forme des quarrés dans la pépiniere, en les espaçant davantage. Si on n'a pas épargné les cultures , & que le terrain soit bon & frais , ces arbres seront en état d'être plantés à demeure la quatrième année.

Les espèces rares peuvent se multiplier par la greffe en écusson sur le peuplier noir , blanc , & peuplier d'Italie.

POTENTILLA.

QUINTE-FEUILLE.

Shrub Cinquefoil.

Claſs. 12. Ordre 5. Icoſandrie Polyginie.

Cal. *périanthe*, une pièce, plâne, dix dents: *diviſions*, alternativement plus petites, réfléchies.

Cor. *Pétales*, cinq, arrondis, ouverts, inſérés au calice par des onglets.

Etam. *filets*, vingt, en forme d'alêne, plus courts que la corolle, inſérés au calice. *Anthères* oblongues, en forme de croiſſant.

Piſt. *germes*, nombreux, courts, raſſemblés en petite tête. *Styles* filiformes, de la longueur des étamines, inſérés ſur les côtés du germe. *Stigmates* obtus.

Per. nul. *Réceptacle commun*, arrondi, deſſeché, très-petit, perſiſtant, recouvert par les ſemences, renfermé dans le calice.

Sem. nombreuſes, aiguës.

POTENTILLA *fruticoſa Americana*. POTENTILLA *fruticoſa*. LINN. Quinte-feuille en arbriſſeau. *American Shrubby Cinquefoil.*

Ce petit arbuſte s'élève rarement au-deſſus de deux pieds. Ses branches ſont nombreuſes, garnies de feuilles palmées, petites, dont les folioles ſont pour l'ordinaire oblongues, velues, & roulées ſur les bords. Les fleurs ſont jaunes, & naiſſent en aſſez grand nombre ſur les rameaux. Il leur ſuccède des eſpèces de petites têtes, garnies de ſemences pointues.

Nota. La defcription que donne M. Marshal de ce petit arbufte, fe rapporte parfaitement à celui que nous connoiffons fous ce nom, & que l'on avoit cru jufqu'à préfent être originaire de Sibérie.

Culture. On le multiplie de marcotes, de boutures, mais plus généralement de drageons, que l'on fépare au printems, pour les planter en pépiniere. Tous les terrains paroiffent lui convenir.

PRINOS.

APALANCHE. LAMARCK. *Encyclopédie.*

The winter Berry.

Clafs. 6. Ordre 1. Hexandrie Monogynie.

CAL. *périanthe*, une pièce, plâne, prefqu'à fix dents; très-petit, perfiftant.
Cor. monopétale, en roue, fans tube. *Limbe*, plâne, fix divifions, découpures ovales.
Etam. *filets*, fix, en forme d'alêne, droits, plus courts que la corolle. *Anthères* oblongues, obtufes.
Pift. *germe*, ovale, terminé par un ftyle plus court que les étamines. *Stigmate* obtus.
Per. *baie*, arrondie, plus grande que le calice, à fix loges.
Sem. plufieurs, offeufes, convexes d'un côté, concaves de l'autre.

1. PRINOS *glaber.* LINN. Prinos *ou* Apalanche glabre. *Ever-green winter Berry.*

Cet arbriffeau croît dans plufieurs parties de
l'Amérique

l'Amérique septentrionale. Ses tiges sont minces, & hautes de six à huit pieds ; ses feuilles sont alternes, petites, oblongues, glabres, toujours vertes, d'une consistance épaisse, chargées de quelques dentelures vers la pointe, & portées sur des pétioles assez courts. Ses fleurs sont pédonculées & axillaires aux feuilles. Il leur succède des baies rondes, petites, & noires lorsqu'elles ont atteint leur degré de maturité.

2. **PRINOS** *verticillatus*. **LINN**. Prinos, ou Apalanche verticillée. *Virginian winter Berry.*

Cet arbrisseau croît naturellement dans des terrains humides & au bord de l'eau. Ses tiges sont minces, hautes de huit à dix pieds, & garnies d'un petit nombre de branches vers le sommet. Ses feuilles sont lancéolées, pointues, dentées en scie, disposées alternativement, & portées sur des pétioles courts & minces. Ses fleurs, de couleur herbacée, sont disposées en petits corymbes aux aisselles des feuilles. Il leur succède des baies arrondies, rouges lorsqu'elles sont mûres, & placées sur les rameaux en manière de verticilles.

Nota. L'écorce intérieure de cet arbrisseau est très estimée pour des cataplasmes, qui ont la propriété de réduire les tumeurs.

Culture. Ces deux espèces se multiplient de marcotes & de graines. On les seme en automne, dans une terre légère, fraîche, & à une exposition ombragée : de cette manière, elles se trouvent disposées à lever le printems suivant. Mais

fi différentes circonſtances ont fait retarder le
temis jufqu'au mois de Mars, alors elles ne germeront plus que la feconde année. Chaque
baie contenant plufieurs femences, il fera à propos de les faire tremper quelque tems dans l'eau
pour pouvoir les divifer.

Le *prinos* verticillé commence à fe naturalifer dans nos jardins ; où il produit quelquefois
d'affez bonnes graines.

P R U N U S.

P R U N I E R.

The Plumb - tree.

Claſ. 12. Ordre 1. Icofandrie Monogynie.

CAL. *périanthe*, une pièce, en cloche, à cinq dents,
caduque : *divifions* obtufes, concaves.
Cor. *Pétales*, cinq, arrondis, concaves, grands, ouverts,
inférés au calice par des onglets.
Étam. *Filets*, depuis vingt jufqu'à trente, en forme d'a-
lêne, prefque aufli longs que la corolle, inférés au
calice. *Anthères* doubles, courtes.
Piſt. *Germe*, fupérieur, arrondi. *Style* filiforme, de la
longueur des étamines. *Stigmate* orbiculaire.
Per. *brou*, arrondi.
Sém. *noyau* arrondi, comprimé, futures un peu faillantes.

1. PRUNUS *Americana.* PRUNUS *Virginiana.*
WESTON. Prunier de Virginie. *Large Yellow
Sweet Plumb.*

Cet arbre s'élève ordinairement à la hauteur
de douze à quinze piéds. Ses feuilles font oblon-

gues, ovales, aiguës, finement dentées en scie,
& très-veinées. Les fleurs font très-nombreufes
autour des branches : il leur fuccède de gros
fruits ovales, dont la pulpe eſt douce & agréable.

Nous poſſédons beaucoup de variétés de ces
arbres ; tous croiſſent dans un terrain ſtérile &
humide. Leurs fruits font jaunâtres ou rougeâtres ; mais ils diffèrent par la groſſeur, le goût &
la confiſtance.

2. P R U N U S *anguſtifolia*. P R U N U S *Canadenſis*.
H. R. P. Prunier de Canada ? *Chicaſaw Plumb*.

Cet arbre n'eſt pas tout-à-fait auſſi grand que
le précédent. Ses feuilles font glabres, lancéolées, beaucoup plus petites & plus étroites que
celles du premier, légèrement dentéees en scie,
& d'un verd brillant des deux côtés. Les fleurs
font pour l'ordinaire très-nombreuſes, & remplacées par des fruits ovales, dont la pulpe eſt
douce, & la peau très mince.

On trouve des variétés de cette eſpèce, dont
les fruits font jaunes & cramoiſis. Comme elles
font originaires des Provinces du Sud, elles
craindront peut-être le trop grand froid.

3. P R U N U S *Miſſiſſipi*. Prunier du Miſſiſſipi.
Crimſon Plumb.

Cet arbre croît naturellement ſur les bords de
la rivière du Miſſiſſipi ; il eſt beaucoup plus grand
que les autres eſpèces. Son fruit eſt cramoiſi &
un peu acide.

M ij

4. PRUNUS *maritima.* Prunier maritime. *Sea
side Plumb.*

Cet arbre croît près de la mer ; il s'élève à la
hauteur de huit à dix pieds. Ses feuilles font
oblongues, plus petites, mais pas auſſi pointues
que celles du prunier ordinaire , légèrement
dentées en ſcie , glabres , d'un verd luiſant en-
deſſus, un peu plus pâles en-deſſous. Il eſt ordinairement couvert d'un grand nombre de fleurs,
dont peu ſont fécondes., & auxquelles il ſuccède
des fruits petits & arrondis.

5. PRUNUS *declinata, an* PRUNUS *Canadenſis.*
LINN. Ragouminier de Canada ? *Dwarf
Plumb.*

Ce petit arbuſte s'élève rarement au-deſſus de
quatre à cinq pieds ; mais il donne des fruits
lorſqu'il a atteint la hauteur de deux ou trois:
ils ſont petits , & preſque noirs dans leur maturité.

Nota. Tous les pruniers qu'indique M. Mar-
ſhall, ne nous ſont pas bien connus; il eſt même
aſſez difficile d'y rapporter le peu que nous en
avons. Il ſeroit à deſirer qu'on voulût nous envoyer toutes les eſpèces bien diſtinctes ; juſqu'a-
lors nous n'aurons point de données certaines.

Culture. Les pruniers que l'on cultive pour le
fruit , s'obtiennent par les greffes des bonnes
eſpèces, ſoit en fente, ſoit en écuſſon ; mais ceux
qui ne ſont que de pure curioſité , ſe multiplient
par les ſemences & les rejetons.

CERASUS.

CÉRISIER.

The Cherry-tree.

Les cérisiers appartiennent au genre précédent.

1. PRUNUS-CERASUS *Virginiana.* PRUNUS *Virginiana.* LINN. Padus de Virginie. *Virginian bird Cherry-tree.*

Cet arbre croit dans une bonne terre humide. Il s'élève souvent à la hauteur de quarante pieds, ou davantage , fur un diamètre de dix-huit à vingt pouces. Son tronc conferve fa groffeur à une hauteur confidérable ; fes feuilles font lancéolées , oblongues , étroites , pointues , & dentées en fcie. Ses fleurs font blanches , & difpofées en grappes ferrées fur les rameaux. Il leur fuccède des fruits petits , de couleur purpurine lorfqu'ils font mûrs , & d'un goût amer défagréable ; cependant , les oifeaux en font très-friands.

Son bois eft d'une couleur rougeâtre , comme rayé , & propre à recevoir un beau poli. Les ménuifiers l'employent à différens ufages.

2. PRUNUS-CERASUS *Canadenfis.* Cérifier de Canada. *Canadian , or Dwarf bird Cherry-tree.*

Cet arbriffeau s'élève à la hauteur de fix à huit pieds ; fes feuilles font plus larges & plus courtes que celles des efpèces précédentes , un peu femblables à celles des pommiers fauvages ; mais plus petites. Les fleurs font difpofées en grappes, & en plus grand nombre que dans le précédent ; les fruits font prefque auffi gros & de la même couleur : ils n'ont pas autant d'amertume ; mais le fuc en eft fi aftringent, qu'il refferre la bouche & la gorge, lorfqu'on les mange ; ce qui lui a fait donner le nom de *cérife âpre*.

3. PRUNUS-CERASUS *montana*. Cérifier de montagne. *Mountain bird Cherry-tree*.

Cet arbriffeau croît naturellement fur les montagnes, dans les parties reculées de la Penfylvanie ; fa tige mince s'élève à la hauteur de douze à quinze pieds , & fe divife en un petit nombre de branches très-grêles. Ses feuilles reffemblent à celles du *padus* de Virginie. Les fruits font difpofés de la même manière ; mais plus petits, rouges , & d'un goût très-acide (1).

LAURO-CERASUS.

LAURIER CERISE,

The Laurel-tree.

Obf. Cette efpèce doit auffi être comprife dans le genre du prunier.

---

(1) On multiplie les cérifiers comme les pruniers , en obfervant de greffer fur les mérifiers des bois , les efpèces dont le fruit eft bon à manger, & fur l'arbre de Sainte Lucie , celles qui n'offrent qu'un objet de curiofité.

PRUNUS LAURO-CERASUS *serratifolia.* **PRUNUS** *Americana?* H. R. P. Prunier toujours vert, *ou* Prunier amandé du Mississipi? *Carolinian Evergreen Bay tree.*

Ce bel arbrisseau toujours vert, n'est jamais bien grand ; ses branches sont éparses, & couvertes d'une écorce brune. Ses feuilles sont alternes, lancéolées, longues d'environ deux pouces, larges de trois quarts de pouce, ou davantage, dentelées finement, épaisses, toujours vertes, luisantes, & portées sur des pétioles très-courts. Ses fleurs sont pour l'ordinaire très-nombreuses, & parfaitement blanches. Il leur succède des fruits arrondis, de la grosseur d'une cérise moyenne, & noires lorsqu'elles sont mûres. Il est originaire de la Caroline méridionale, & des autres Provinces du Sud.

Obs. Cette espèce d'arbrisseau ne sauroit supporter, en pleine terre, la rigueur du froid que nous éprouvons aux environs de Paris ; mais elle passe fort bien dans l'orangerie.

P T E L E A.

(*De même en François & en Anglois.*)

Class. 4. Ordre 1. Tétrandrie Monogynie.

Cal. *périanthe*, à quatre divisions, aigu, petit.
Cor. *pétales*, quatre, ovales-lancéolées, planes, ouvert, plus grands que le calice, coriacés.
Etam. *filets*, quatre, en forme d'alêne. *Anthères* arrondies.

Pist. *germe* , orbiculaire, comprimé , fupérieur.

   Style court. *Stigmates* , deux , un peu obtus.

Per. *membrane* arrondie, perpendiculaire, divifée en deux loges par le centre.

Sem. , une, (quelquefois deux) obtufe, amincie à la bafe.

   Obf. Le calice, la corolle , les étamines & les divifions du calice font fouvent augmentées d'une partie.

PTELEA *trifoliata.* **LINN.** Ptelea *ou* Orme à trois feuilles. *Carolinian* , *Shrub-trefoil.*

La tige de cet arbriffeau eft droite , haute de dix à douze pieds, recouverte , ainfi que les branches, d'une écorce liffe & grifâtre. Ses feuilles font ternées, d'un vert clair en deffus, plus pâles en-deffous , & portées fur des pétioles affez longs. Ses fleurs font terminales , difpofées en manière d'ombelle , & d'une couleur blanchâtre herbacée. Il leur fuccède des capfules applaties, garnies d'un bord membraneux, affez femblables à celles de l'orme , contenant chacune deux femences.

Culture. Cet arbriffeau fe multiplie de boutures, de marcotes, mais préférablement de graines que l'on feme au printems dans une terre légère. Elles n'exigent, après cela, d'autres foins , que d'être arrofees quelquefois dans les tems fecs. Tous les terrains lui conviennent.

PYROLA.

PYROLE.

Winter Green.

Claſs. 10. Ordre 1. Décandrie Monogynie.

Cᴀʟ. *périanthe*, à cinq diviſions, petit, perſiſtant.
Cor. *pétales*, cinq, arrondis, concaves, ouverts.
Etam. *filets*, dix, en forme d'alêne, plus courts que la
corolle. *Anthères* penchées, grandes, deux cornes au
ſommet.
Piſt. *germe*, arrondi, anguleux. *Style* filiforme, plus
long que les étamines, perſiſtant. *Stigmate* renflé.
Per. *capſule*, arrondie, avec enfoncement, pentagone,
à cinq loges, s'ouvrant par les angles.
Obſ. Les étamines & le ſtyle ſont tantôt droits, tantôt
courbés ſur le côté, & tantôt ouverts. La figure du
ſtigmate varie dans quelques eſpèces.

1. Pʏʀoʟᴀ *maculata.* Lɪɴɴ. Pyrole à feuilles
maculées. *Spotted Pyrola.*

Petite plante, qui s'élève rarement au-deſſus
de quatre à cinq pouces, dont les tiges ſont
ligneuſes & minces, les feuilles toujours vertes,
oblongues, pointues, épaiſſes, avec quelques
légères dentelures, d'un vert foncé, veinées
longitudinalement, blanchâtres en-deſſus, un
peu rougeâtres en deſſous, placées ordinairement trois ou quatre à l'extrémité de la tige,
dont la diſpoſition eſt un peu horiſontale. On
trouve quelquefois des feuilles inférieures plus
petites, & rangées trois à trois. Les fleurs ſont

blanches, terminales, & portées deux ou trois ensemble, sur un pédoncule assez long, courbé dans l'origine, mais droit ensuite. Il leur succède des capsules arrondies, ombiliquées, remplies de petites semences.

2. PYROLA *rotundifolia*. LINN. Pyrole à feuilles rondes. *Round leaved Pyrola.*

Cette espèce est plus petite que la précédente; ses feuilles sont radicales, au nombre de trois ou quatre, portées sur des pétioles assez longs, triangulaires, & cannelés à leur partie supérieure, quelquefois passablement grandes, un peu ondulées sur les bords, & d'un vert clair. Leur durée est à peine d'une année. Les fleurs sont disposées en manière de grappe, cinq ou six sur un pédoncule triangulaire, & radical. Il leur succède des petites capsules arrondies.

3. PYROLA *umbellata*. Pyrole à fleurs en ombelle. *Umbellated Pyrola.*

La tige de cette plante s'élève ordinairement à la hauteur de cinq à six pouces; ses feuilles sont en assez grand nombre, ovales, plus étroites vers la base, finement dentées en scie, glabres, & d'un vert luisant. Ses fleurs sont disposées en ombelles à l'extrémité des tiges, & portées sur des pédoncules assez longs, courbés d'abord, mais ensuite droits. Il leur succède cinq ou six capsules rondes, à cinq angles, avec enfoncement, & remplies de petites semences.

La décoction de cette plante a été employée

avec beaucoup de fuccès : elle peut tenir lien de quinquina. On croit que fes racines font bonnes pour appaifer le mal de dents. Les Indiens la nomment *phipfefawa*.

Obf. On penfe bien que des plantes auffi petites, auffi délicates, & qu'il eft fi difficile de conferver dans nos jardins, ne doivent être recherchées que des vrais curieux.

Elles font affez communes aux environs de New York, où elles croiffent dans des terrains marécageux, ombragés, & couverts de mouffe.

P Y R U S.

P O I R I E R.

The Pear-tree.

Claſſ. 12. Ordre 4. Icofandrie Pentagynie.

Cal. *périanthe*, une pièce, concave, à cinq dents ; perfiftant : *découpures* ouvertes.

Cor. *pétales*, cinq, arrondis, concaves, grands, inférés au calice.

Etam. *filets*, vingt, en forme d'alêne, plus courts que la corolle, inférés au calice. *Anthères* fimples.

Pift. *germe*, inférieur. *Style*, cinq, filiformes, de la longueur des étamines. *Stigmates* fimples.

Per. *pomme* arrondie, ombiliquée, charnue, cinq loges membraneufes.

Sem. peu nombreufes, oblongues, obtufes, aiguës à la bafe, convexes d'un côté, plânes de l'autre.

Pyrus *malus coronaria.* **Pyrus** *coronaria.* **Linn.** Pommier odorant. *Virginian Sweet-Scented Crab tree.*

Cet arbre s'élève ordinairement à la hauteur de dix à douze pieds. Ses branches font nombreufes & roides ; fes feuilles reffemblent un peu à celles du pommier ; mais elles font irrégulièrement dentées en fcie. Les fleurs font grandes, portées fur des pédoncules affez longs, d'une belle couleur rouge, & odorantes lorfqu'elles commencent à s'ouvrir. Les fruits font petits, arrondis, ombiliqués, & très-acides. On en fait des conferves, &c. J'ai ouï dire qu'il y avoit en Caroline, une variété de cet arbre, dont les feuilles perfiftoient toute l'année ; mais je ne l'ai jamais vu.

Culture. Le pommier odorant fe multiplie de graines, tant de celles qui nous viennent d'Amérique, que de celles qu'il eft poffible de récolter chaque année dans les jardins des curieux. On le greffe en écuffon fur le pommier fauvageon, fur le pommier franc, & auffi fur l'épine blanche. Les graines femées au printems, ne levent quelquefois que la feconde année ; c'eft pourquoi, je confeille de les mettre en terre dès l'automne. Quoique tous les terrains paroiffent lui convenir, il viendra cependant mieux dans ceux qui feront un peu forts.

QUERCUS.

CHÊNE.

The Oak-tree.

Claſs. 21. Ordre 8. Monoécie Polyandrie.

* F L E U R S *mâles*, diſpoſées en chatons lâches.
Cal. *périanthe*, une pièce, à quatre ou cinq dents : *décou-*
pures aiguës, ſouvent bifides.
Cor. nulle.
Etam. *filets*, pluſieurs (cinq, huit, dix,) très-courts.
Anthères grandes, diviſées en deux.
* *Fleurs femelles*, renfermées dans des boutons, ſeſſi-
les, ſur le même pied que les mâles.
Cal. *Périanthe*, une pièce, coriacé, demi-ſphérique,
chargé d'aſpérité, à peine viſible dans la fleur.
Cor. nulle.
Piſt. *Germe*, ovale, petit. *Style* ſimple, à cinq dents,
plus long que le calice. *Stigmates* ſimples, perſiſtans.
Per. nul.
Sem. *gland* ovale, cylindrique, glabre, enchaſſé, dans
une capſule peu profonde, produite par le calice de
la fleur. La coque du gland eſt formée d'une peau coriace, très-liſſe, & ratiſſée à ſa baſe. Elle contient
une amande plus ou moins longue, & quelquefois
arrondie.

Nota. Les eſpèces & variétés de chêne ſont
très-nombreuſes ; c'eſt pourquoi, j'ai cru devoi r
les diviſer de la manière ſuivante :

* *Chênes blancs.*

1. QUERCUS *alba.* Chêne blanc. *Com* mon
American white oak.

Cet arbre eſt très-commun ; il parvient , avec

le tems , à la hauteur de soixante-dix à quatre-
vingt pieds , sur un diamètre de quatre à cinq,
ou même davantage. Son écorce est écailleuse
& blanchâtre ; ses feuilles sont rétrécies vers la
base , profondément sinuées au sommet, glauques, & portées sur des pétioles très-courts. Les
sinuosités sont obtuses , & les angles, inégaux
en longueur, entiers, & aussi obtus. Les glands
sont d'une grosseur moyenne , & enchassés dans
des cupules peu profondes.

On trouve quelques variétés de cette espèce,
dont les unes diffèrent par la dureté de leur
bois , & d'autres par leurs fruits. Le bois de
celle-ci est dur & estimé ; on en fait des poutres , des chevrons, &c. , pour les bâtimens : il
entre dans la construction des vaisseaux , & sert
d'ailleurs à une infinité d'autres usages utiles. Les
différentes espèces de glands servent à engraisser
nos cochons ; mais ceux-ci , ainsi que ceux du
chêne à feuilles de chataignier , remplissent bien
plutôt cet objet.

2. QUERCUS *alba minor*. Chêne blanc de
moyenne grandeur. *Barren White-oak*.

Cet arbre croît ordinairement dans un terrain
sec & aride ; il s'élève à la hauteur de trente à
quarante pieds. Son écorce est grisâtre & écailleuse ; ses feuilles sont un peu rudes , d'un vert
brillant en-dessus, plus pâles en-dessous, à sinuosités profondes, obtuses, inégales , à découpures
aussi obtuses, souvent un peu anguleuses & très-
irrégulières ; les glands sont petits & rayés. On
fait , avec son bois , des poteaux qui durent

très-long-tems en terre ; du reste, il n'est guères estimé, si ce n'est pour le chauffage.

3. Q U E R C U S *alba palustris.* Chêne blanc de marais. *Swamp White-oak.*

Cet arbre devient assez grand ; son diamètre est de deux ou trois pieds, & sa hauteur y est proportionnée. L'écorce est pour l'ordinaire plus rude, plus sillonnée que celle des autres espèces, & prend une couleur grisâtre. Ses feuilles sont un peu rétrécies vers la base, dentées sur les bords & aux extrémités. Les glands sont plus gros, & plus arrondis que ceux du chêne blanc ordinaire ; ses cupules sont aussi plus grandes, plus épaisses, & portées souvent deux à deux sur un pédoncule long & fort.

** *Chênes noirs.*

4. Q U E R C U S *nigra.* Chêne noir. *Common Pensylvanian Black-oak.*

Arbre, dont la hauteur est de soixante à soixante-dix pieds, sur un diamêtre de trois à quatre pieds, & qui porte des branches fortes & étendues. Ses feuilles grandes & un peu cotonneuses, sont portées sur des pétioles plus longs que ceux du chêne blanc ; les sinuosités sont irrégulières, & quelquefois assez profondes. Les angles inégaux, & pour l'ordinaire obtus, se terminent en une pointe soïeuse ; les glands sont petits, arrondis, & placés dans des cupules épaisses & écailleuses.

On trouve, je crois, une variété de cette efpèce, qui eft beaucoup plus petite, mais dont
les feuilles font plus grandes; elle en diffère
encore par les glands. Son bois eft employé à
des ufages, auxquels le cèdre peut à peine
fervir; c'eft-à-dire, pour faire des lattes, des
piquets pour des enclos, &c.

5. QUERCUS *nigra digitata.* Chêne noir à feuilles
digitées. *Finger leaved Black-oak.*

Cet arbre croît dans des terrains bas; il parvient à la hauteur de trente à quarante pieds.
Son tronc eft d'une groffeur confidérable, &
recouvert d'une écorce groffière & noirâtre. Ses
feuilles font finuées, ou divifées vers leurs extrémités en deux ou trois lobes digités, affez
longs, & de longueur inégale. On trouve quelquefois des découpures plus courtes fur les
côtés; toutes font terminées par une pointe
foyeufe. Les glands font petits, & enchâffés dans
des cupules affez grandes.

6. QUERCUS *nigra trifida.* Chêne noir de Maryland. *Maryland Black-oak.*

Cet arbre croît naturellement dans le Maryland, & dans d'autres terrains bas. Son tronc
s'élève à la hauteur de trente à quarante pieds,
fur un diamètre de dix-huit pouces à deux pieds.
Ses feuilles font ovales, rétrécies vers la bafe,
& terminées par trois pointes foyeufes.

7. QUERCUS *nigra integrifolia.* Chêne noir à feuille entière. *Entire leaved Black-oak.*

Cet arbre eſt à-peu-près de la hauteur du précédent , & lui reſſemble beaucoup; ſes feuilles ſont ovales-renverſées, & ſouvent un peu échancrées des deux côtés , vers l'extrémité.

8. QUERCUS *nigra pumila.* Chêne noir nain, *Dwarf Black-oak.*

Cet arbriſſeau croît dans des terrains ſecs & ſtériles. Sa tige , haute de cinq à ſix pieds , eſt tortueuſe , & garnie de quelques branches ; ſes feuilles , preſque trifides, reſſemblent beaucoup à celles du chêne noir de Maryland. Ses glands ſont petits, ainſi que les cupules, dans leſquelles ils ſont enchâſſés. Cette eſpèce n'offre rien d'agréable ; ſon bois n'eſt pas , je crois, d'un grand uſage.

*** *Chênes rouges.*

9. QUERCUS *rubra maxima.* Chêne rouge, grande eſpèce. *Largeſt Red-oak.*

Cet arbre s'élève à la hauteur de ſoixante-dix à quatre vingt pieds , ſur un diamètre de quatre, cinq , & quelquefois ſix pieds. Sa groſſeur eſt continuée juſqu'à une hauteur conſidérable , ſans branches latérales qu'au ſommet. Ses feuilles ſont grandes , à ſinuoſités obtuſes, & à découpures aiguës , terminées chacune par pluſieurs pointes ſoyeuſes. Les glands ſont gros, un peu

coniques , & placés dans des cupules larges &
peu profondes. Son bois fert à faire des douves,
des lattes , des poteaux , &c.

10. Q U E R C U S *rubra ramofiſſima.* Chêne rouge
aquatique. *Water Red-oak.*

Cette efpèce fe plaît dans les terrains bas &
aquatiques ; elle forme un aſſez grand arbre. Ses
branches font nombreufes, minces, recouvertes,
ainſi que fa tige , d'une écorce liſſe & grisâtre.
Ses feuilles font petites , à finuofités obtufes ,
profondes , aſſez uniformes, & continuées juf-
ques vers la côte moyenne. Les découpures font
étroites , aiguës , inégales , & terminées chacune
par pluſieurs pointes foyeufes. Cet arbre eſt généralement connu fous le nom de *chêne aquatique*, ou *chêne d'Efpagne* des terrains bas. Son
bois eſt fouvent employé à faire des roues de
voitures.

11. Q U E R C U S *rubra montana.* Chêne rouge de
montagne. *Upland Red-oak.*

Cet arbre croît naturellement fur des terrains
plus arides & plus élevés que les autres efpèces ;
il parvient fouvent à la hauteur de cinquante à
foixante pieds. Son écorce eſt un peu rude &
luifante. Les finuofités de fes feuilles font profondes, obtufes , & un peu régulières. Les découpures font en quelque façon deux fois trifides , ou terminées par des filets aigus & foyeux.
Les pétioles font aſſez longs ; les glands & les
cupules font de moyenne groſſeur. Son bois eſt

fujet à être rongé par les vers , ou à fe pourrir
dans le cœur ; c'eſt pourquoi, il eſt bien peü
eſtimé. Cette eſpèce eſt auſſi connue ſous le nom
de *chêne d'Eſpagne* ; je crois qu'elle offre quelques variétés , qui en diffèrent par la groſſeur du
fruit & la grandeur des feuilles.

12. QUERCUS *rubra nana.* Chêne rouge nain.
Dwarf Barren oak.

Cet arbriſſeau ſe trouve communément dans
des terrains ſecs & arides ; ſa tige eſt tortueuſe ,
& haute ſeulement de huit à dix pieds. Ses feuilles ſont plus petites que celles du précédent , &
lui reſſemblent un peu. Les glands , ainſi que les
cupules , ſont petits , rouges à la baſe , & rayés
lorſqu'ils commencent à ſe montrer. Le nom de
chêne ſec qu'il porte , eſt tiré du lieu où il croît.
Il eſt en général preſque tout couvert de fruits,
appliqués ſur tous les côtés des branches.

******** *Chênes à feuilles de ſaule.*

13. QUERCUS *phellos anguſtifolia.* **QUERCUS**
phellos. **LINN.** Chêne ſaule à feuilles étroites ?
Willow leaved oak.

Cet arbre eſt commun dans les terrains bas ,
où il parvient à la hauteur de cinquante à ſoixante
pieds , ſur un tronc d'une groſſeur conſidérable. Ses feuilles ſont entières , glabres , lancéolées, longues d'environ trois pouces , larges d'un
demi-pouce , & portées ſur des pétioles courts.
Son bois eſt eſtimé.

14. QUERCUS *phellos latifolia.* Chêne faule ?
larges feuilles. *Broad Willow-leaved oak.*

Cet arbre reffemble beaucoup au précédent ;
mais fes feuilles font prefque deux fois auffi
larges. Les glands font plus gros, & les cupules
peut-être moins profondes.

15. QUERCUS *phellos femper virens.* Chêne faule
toujours vert. *Ever - green Willow - leaved-
oak.*

Arbre originaire de Caroline, haut de quarante pieds, ou davantage, dont les feuilles font
entières, un peu ovales, lancéolées, épaiffes,
& perfiftantes toute l'année. Les glands font petits, oblongs, très-doux au goût, & enchâffés
dans des cupules peu profondes. Son bois eft
dur, mais le grain en eft groffier.

**** *Chênes à feuilles de chataignier.*

16. QUERCUS *prinus.* LINN. Chênes à feuilles
de chataignier. *Chefnut-leaved oak.*

Cet arbre croît naturellement dans un terrain
léger & graveleux, où il parvient affez généralement à la hauteur de quarante pieds, ou davantage, fur un diamètre d'environ deux pieds.
Son écorce eft fillonnée, & légèrement colorée;
fes feuilles font un peu ovales, & uniformement
crénelées, ou plutôt bordées quelquefois de
dents obtufes. Les glands font gros, liffes, d'une
couleur grisâtre, & enchâffés dans des cupules

larges & peu profondes. Son bois reſſemble un peu à celui du chataignier ; mais il eſt très-bon pour le chauffage, & employé d'ailleurs à différens uſages.

17. QUERCUS *prinus humilis*. Chêne nain à feuilles de chataignier. *Dwarf Chefnut, or Chinquepin-oak.*

Cet arbriſſeau pouſſe pluſieurs tiges ligneuſes, hautes de deux ou trois pieds. Ses feuilles ſont ovoïdes & dentées, ou ſinuées obliquement. Les glands & les cupules reſſemblent beaucoup à ceux de l'eſpèce précédente, quoique infiniment plus petits.

Il ſeroit à propos d'inférer ici quelques obſervations ſur le tems convenable de faire les coupes de bois. Une longue expérience a, je penſe, ſuffiſamment prouvé que le bois dure bien davantage, lorſqu'il eſt coupé au printems, quand l'arbre eſt en pleine sève, que les feuilles ſont entièrement dévéloppées, & pendant le troiſième ou dernier quartier de la lune (1). Le bois, rempli de sève, contient auſſi plus de parties

---

(1) Nous avons en France une opinion tout-à-fait contraire, & qui n'eſt pas, je penſe, dénuée de fondement. L'exploitation de nos bois ſe fait conſtamment depuis la ceſſation de la sève, & ſe continue tout l'hiver, ſans avoir égards aux différentes phaſes de la lune.

Quelques particuliers, pour avoir du bois de durée, font écorcer ſur pied, & pendant la plus grande sève, les arbres qu'ils deſtinent à la charpente de leurs maiſons ; alors l'aubier ſe convertit en bois, & le bois lui même acquiert plus de ſolidité (*voyez les expériences de M. de Buffon*). On les coupe l'hiver ſuivant, ou dans toute autre ſaiſon ; car alors le premier traitement met dans le cas de faire peu d'attention aux époques.

huileufes , qui, à raifon de leur nombre, lui
donnent, comme l'on fait , une qualité plus
durable. Quant à l'influence de la lune, on re-
gardera probablement cela comme une chimère;
cependant, ceux qui font occupés à dépouiller
les arbres de leur écorce, pour l'ufage des tan-
neurs, favent bien qu'elle agit effentiellement
fur le bois. Ce phénomène ayant lieu dans ce
cas, doit néceffairement donner quelques éclair-
ciffemens fur d'autres circonftances. J'ajouterai
de plus, un fait bien connu; c'eft qu'un arbre
dont on enlève un anneau d'écorce pour le
faire mourir, conferve fouvent fa verdure pendant un tems confidérable, fi toutefois cette
opération fe fait au déclin de la lune ; au lieu
qu'il la perd en bien moins de tems , fi elle
fe fait à fon croiffant. Nous pouvons conclure
de cette obfervation, que la sève des arbres
éprouve, tous les mois, une efpèce de révolu-
tion ; elle monte au déclin de la lune, & elle
defcend à fon croiffant. Quoi qu'il en foit, l'expérience nous prouve, que le tems que l'on choifit
dans les différentes phafes de la lune, pour faire
les coupes de bois , influe effentiellement fur fa
durée.

Obf. De dix-fept efpèces de chênes qu'indique
M. Marshall, nous n'en connoiffons qu'un petit
nombre , qui font, le chêne blanc, le noir,
deux rouges, dont un de montagne, deux à
feuilles de faule , & un chêne à feuilles de chataignier. Refte à favoir fi toutes les autres font
des efpèces bien diftinctes , ou fimplement des
variétés des premiers ; fi les caractères qui les

différencient, font toujours conflans, & fi leurs glands conferveñt leurs nuances. Comme les chênes fe propagent naturellement par leurs graines, n'y a-t il pas à craindre que la plupart des variétés foient purement féminales ? Le terrain où elles croiffent , peut auffi influer pour quelque chofe dans leur différence. Il feroit donc bien effentiel qu'on envoyât des glands de toutes les efpèces (avec quelques cupules), exactement féparés & bien étiquetés. Comme en général, les femences ont beaucoup à fuffrir dans la traverfée , il faudroit qu'elles fuffent placées dans des boîtes ou caiffes, lits par lits , avec de la mouffe ni trop sèche, ni trop humide , & chaque efpèce féparée d'une autre par une planche mince, ou de toute autre manière ; alors les glands arriveroient en bon état , & prefque germés. On juge que le fuccès doit fuivre ce procédé. Un autre objet encore im-portant , feroit de favoir en quel terrain, & à quelle expofition croiffent tous ces arbres. Ce n'eft qu'ainfi que nous pouvons efpérer de dé-brouiller un genre auffi intéreffant , & de voir réuffir les individus qui le compofent.

Plufieurs de ces arbres nous paroiffent pré-cieux ; le chêne blanc eft le meilleur de tous. Après lui, vient celui à feuilles de chataignier, le rouge , le noir , les chênes aquatiques ; & parmi eux, celui qui porte en Caroline le nom de *Live-oak* (c'eft je crois la quinzième efpèce , *chêne faule* toujours vert), où il croît, ainfi qu'en Floride , fur les bords de la mer, & dans des eaux falées, expofé aux vents les plus violens, qui le renverfent quelquefois; néanmoins, il ne laiffe pas que de végéter dans une fituation pref- que horifontale. Son bois n'eft pas bien bon ; mais il fera toujours précieux dans les pays où il n'y en a point.

On trouveroit, fur les côtes méridionales de France, fur la rive droite du Rhône , du côté de Saint-Gilles, d'Aigues mortes, dans le bas Lan- guedoc , la Camargue, &c. , de grandes éten- dues de terrains aquatiques , où il ne croît que des joncs & des rofeaux, qui feroient très-propre à recevoir cet arbre.

Culture. Les glands fe fement ordinairement vers le mois de Mars ; mais il faut les conferver l'hiver, en les mettant lits par lits avec du fable, ou de la terre sèche , & les tenant dans un lieu frais & fec , où les mulots , les rats , & autres animaux deftructeurs n'auront aucun accès. Comme ils peuvent germer avant le printems , il eft bon de les vifiter de tems en tems ; & fi on les trouvoit dans cet état , même avant le mois de Mars, il feroit à propos de les répandre dans le terrain qu'on auroit préparé à cet effet.

Si on avoit intention de tranfplanter les chê- nes , il faudroit retrancher la radicule ou pivot des glands germés ; ce qui fera pouffer des racines latérales, & facilitera fingulièrement leur reprife dans la fuite.

Lorfqu'on a à faire des femis confidérables de glands , on les répand affez abondamment dans des rayons tracés par la charrue à quatre ou cinq pieds de diftance l'un de l'autre ; il fuffira qu'ils foient recouverts d'environ un pouce & demi de terre.

Il feroit poffible d'obtenir, par les marcotes, les efpèces rares ; mais on préfère de les greffer en écuffon, ou bien par approche, fur notre chêne ordinaire.

La plupart des efpèces étrangères s'élèvent de la manière fuivante. Lorfque les glands font germés, on en coupe le pivot, & on les met chacun dans un pot d'environ cinq à fix pouces de diamètre, & fept à huit pouces de profondeur. L'année d'après, on leur en donne de plus grands, & ainfi d'année en année, jufqu'à ce qu'ils foient en état d'être plantés à demeure. Par ce procédé, on peut efpérer un fuccès affuré, & les tranfporter même à de grandes diftances, fans le moindre inconvénient.

Les chênes élevés en pépiniere, fe tranfplantent ordinairement lorfqu'ils ont deux ans, ou tout au plus trois ans; plus forts, ils reprendroient moins bien. Cette opération fe fait de préférence en automne.

Nous ne faurions trop recommander la culture d'un arbre auffi précieux que le chêne, & dont le bois eft d'un ufage fi général.

RHODODENDRUM.

(De même en François.)

Dwarf Rose-Bay.

Claſs. 10. Ordre 1. Décandrie Monogynie.

Cal. *Périanthe*, cinq diviſions, perſiſtant.

Cor. monopétale, en entonnoir, un peu en roue. *Limbe* ouvert : diviſions arrondies.

Etam. *filets*, dix, filiformes, preſque de la longueur de la corolle, penchés. *Anthères* ovales.

Piſt. *germe*, à cinq angles, en forme de réſeau. *Style* filiforme, de la longueur de la corolle. *Stigmate*, obtus.

Per. *Capſule*, ovale, un peu anguleuſe, à cinq loges.

Sem. nombreuſes, très-petites.

RHODODENDRUM *maximum*. LINN. Rhododendrum à grandes feuilles. *Penſylvanian Mountain Laurel.*

Cet arbriſſeau s'élève à la hauteur d'environ ſix à huit pieds, & pouſſe ſouvent pluſieurs tiges de la même racine. Ses feuilles ſont entières, longues d'environ quatre à cinq pouces, larges d'un pouce & demi ou deux pouces, d'une conſiſtance épaiſſe, d'un verd foncé & luiſant en-deſſus, plus pâles en-deſſous, & perſiſtantes. Ses fleurs ſont diſpoſées en bouquets arrondis à l'extrémité des rameaux de l'année précédente, aſſez grandes, & d'un roſe pâle taché de rouge. Leur tubes ſont un peu pliés. Cet arbriſſeau eſt eſtimé à cauſe de la beauté de ſes fleurs.

Nota. Cet arbriſſeau eſt un de ceux qui contri-
buent le plus à l'ornement de nos jardins ; il forme
un ſuperbe buiſſon , & ſe charge d une quantité
prodigieuſe de fleurs , dont l'élégance & la diſpoſition ajoutent à la beauté. Il offre encore un
agrément ; c'eſt de conſerver ſon feuillage tout
l'hiver.

Culture. Les ſoins qu'il exige, ſont les mêmes
que ceux dont j'ai fait mention à l'article de
l'andromeda (voyez ce genre). Il ne ſe plaît que
dans les terrains légers & humides.

R H U S.

S U M A C.

Sumach.

Claſs. 5. Ordre 3. Pentandrie Trigynie:

CAL. *périanthe*, cinq diviſions, inférieur, droit, per-
ſiſtant.
Cor. *pétales*, cinq, ovales, droits , ouverts.
Etam. *Filets*, cinq, très-courts. *Anthères* petites, plus
courtes que la corolle.
Piſt. *germe*, ſupérieur, arrondi, de la grandeur de la co-
rolle. *Style*, preſque nul. *Stigmates*, trois, cordifor-
mes, petites.
Per. *baie*, arrondie, à une loge.
Sem. une , arrondie , oſſeuſe.

Obſ. Les baies du *rhus toxicodendrum* ſont liſſes & ſtriées.
Les ſemences ſont comprimées & ſillonnées. Il eſt dioïque , ainſi que le *rhus vernix* & le *rhus radicans*.

Le *rhus glabrum* (& peut-être quelques autres) porte
des fleurs femelles & hermaphrodites ſur des individus
différens.

1. R H U S *copallimum*. LINN. Sumac copalme.
Lentiscus-leaved Sumach.

Cet arbriffeau s'élève à la hauteur de fix, huit, & quelquefois dix pieds ; il porte des branches minces , couvertes, ainfi que fa tige , d'une écorce tachetée. Ses feuilles font ailées , compofées de quatre à cinq paires de folioles étroites , entières , terminées par une impaire , & portées fur un pétiole commun , décurrent, ou membraneux & articulé. Les fleurs font difpofées en panicules lâches, de couleur herbacée, & remplacées par des femences rougeâtres.

2. RHUS *glabrum*. LINN. Sumac glabre. *Smooth Penfylvanian Sumach.*

Cet arbriffeau croît naturellement dans plufieurs Provinces du nord de l'Amérique, où il parvient à la hauteur de fix à huit pieds , portant un petit nombre de branches épaiffes, remplies de moëlle , & un peu anguleufes. Ses feuilles font grandes , ailées, compofées de huit , neuf, ou dix paires de folioles, avec une impaire, oblongues , pointues & dentées ; leur furface fupérieure eft d'un vert affez foncé, l'inférieure eft beaucoup plus claire : elles deviennent rougeâtres en automne. Les fleurs font hermaphrodites & femelles fur des individus féparés, difpofées en grandes panicules à l'extrémité des rameaux, & d'une couleur herbacée. Les fleurs hermaphrodites font plus grandes & ftériles. Aux fleurs femelles , il fuccède des femences

couvertes d'ene fubftance farineufe ; rouge , &
d'un goût acide.

R H U S *glabrum Carolinienfe.* Sumac glabre de
Caroline. *Carolinian Scarlet - Flowering Sumach.*

C'eft une variété du précédent ; elle en differe
par fes fleurs , qui font rouges.

R H U S *glabrum Canadenfe.* Sumac glabre de
Canada. *Canadian Red-Flowering Sumach.*

C'eft aufli une variété du même, originaire du
Canada , & à fleurs rouges.

3. R H U S *typhinum.* L I N N. Sumac de Virginie,
ou Sumac amaranthe. *Stag's-horn Sumach.*

Cet arbre croît naturellement dans la Virginie & la Penfylvanie , où il parvient fouvent à
la hauteur de douze à quinze pieds , fur un diamètre de fix à huit pouces. Sa tige fe divife au
fommet en plufieurs branches , qui , dans leur
jeuneffe, fe trouvent couvertes d'un duvet léger , femblable à du velour, d'une texture, &
d'une couleur qui approche beaucoup de celles
des cornes de cerf naiffantes. Ses feuilles font
compofées de fix à fept paires de folioles oblongues, aiguës, terminées par une impaire, & un
peu velues en-deffous , ainfi que leurs côtes
moyennes. Les fleurs font difpofées en panicules
droites & ferrées, à l'extrémité des rameaux, &
d'une couleur verdâtre. Il leur fuccède des

femences pourpres , cotonneufes & charnues ;
dont l'afpect eft agréable en automne.

4. R h u s *Canadenfe.* Sumac de Canada. *Canadian trifoliate Sumach.*

On trouve cette efpèce en Canada ; peut-être
croît elle auffi dans les parties feptentrionales de
la Penfylvanie. Ses tiges font minces , hautes de
fix à huit pieds, & couvertes d'une écorce brune.
Ses feuilles font compofées de trois folioles ovoïdes , unies à un pétiole commun. Les fleurs
font mâles & femelles fur des pieds différens.

5. R h u s *vernix.* L i n n. Sumac vernis. *Varnish-
Tree , or Poifon Ash.*

La tige de cet arbre eft droite, affez forte ,
haute de douze à quinze pieds , & divifée en
plufieurs branches vers fon extrémité. Ses feuilles font alternes , aïlées , avec une impaire , &
compofées de trois ou quatre paires de folioles ,
ordinairement ovales , lancéolées , glabres ,
d'un vert luifant en-deffus , plus pâles , & un
peu velues en-deffous. Leurs pétioles prennent
une couleur pourpre en automne. Les fleurs
font mâles & femelles fur des individus différens , difpofées en panicules lâches , & d'une
couleur herbacée. Aux fleurs femelles, il fuccède
de petites femences arrondies , & légèrement
colorées lorfqu'elles font mûres.

La fubftance que l'arbre fournit, eft de la
même qualité que celle du véritable vernis du
Japon , & préfente un avantage confidérable.

On l'en retire en grande quantité, en faifant des incifions fur fon tronc, & en plaçant, à leur partie inférieure, des vafes pour en recevoir le fuc, qui eft blanc, durcit enfuite, & forme ce qu'on appelle le *vernis*, dont on fait un grand ufage pour différens ouvrages précieux.

Cet arbre doit être touché avec précaution ; car il eft dangereux pour beaucoup de perfonnes, & regardé comme poifon.

6. R H U S *toxicodendron.* **Linn.** Arbre à la puce.
Poifon-oak.

La tige de cet arbriffeau eft ligneufe, & s'élève rarement au-deffus de trois ou quatre pieds. Ses feuilles font compofées de trois folioles entières, glabres, un peu cordiformes, & portées fur des pétioles affez longs. Ses fleurs font petites, verdâtres, & difpofées en panicules lâches. Les baies font arrondies, cannelées, glabres, & d'un gris jaunâtre lorfqu'elles font mûres.

Obf. Ce pourroit être le *rhus radicans* de M. *Linné.*

7. R H U S *radicans.* **Linn.** Arbre à la puce grimpant. *Poifon-Vine.*

Ses tiges, qui font nombreufes, grimpantes, ligneufes, s'attachent d'elles mêmes à tout ce qu'elles rencontrent ; elles s'élèvent fouvent à la hauteur de vingt à trente pieds, avec un diamètre de deux ou trois pouces. Ses feuilles font portées fur des pétioles affez longs, compofées

de trois folioles un peu ovales, pointues, &
quelquefois légèrement dentées. Ses fleurs font
difpofées en panicules fur les côtés des branches;
il leur fuccède des baies arrondies, brunâtres
dans leur maturité.

Nota. Ces deux dernières efpèces ne font pas
moins dangereufes que la cinquième. Il eft bon
de les connoître pour favoir les éviter ; mais auffi,
il eft effentièl de les placer dans un endroit
écarté, & hors de la portée des enfans.

Culture. Les fumacs fe multiplient de racines,
de drageons, qu'ils produifent en abondance;
& de graines, qu'on feme au printems, dans un
fol léger. Ils s'accommodent en général de tous
les terrains. La cinquième efpèce eft moins
commune, & plus délicate que toutes les autres.
Elle gèle quelquefois.

R I B E S.

G R O S E I L L E R.

The Currant-Bush.

Claf. 5. Ordre 1. Pentandrie Monogynie.

C AL. *périanthe*, une pièce, renflé; cinq divifions,
oblongues, concaves, colorées, réfléchies, perfiftantes.

Cor. *pétales*, cinq, petits, obtus, droits, unis au bord du
calice.

Etam. *filets*, cinq, en forme d'alêne, droits, inférés
au calice. *Anthères* penchées, comprimées, ouvertes
fur les bords.

Pift.

Pift. *germe*, arrondi , inférieur. *Style* bifide. *Stigmate*
obtus.
Per. *baie*, globuleufe, ombiliquée , à une loge : deux
réceptacles latéraux , oppofés , longitudinaux.
Sem. nombreufes ; arrondies , légèrement comprimées.

* *Grofeiller fans épines.*

1. RIBES *nigrum Penfylvanicum.* RIBES *nigrum.*
Varietas. B. LINN. Grofeiller de Penfylvanie à
fruit noir. *Penfylvanian Black currants.*

Arbriffeau de la hauteur du grofeiller cultivé,
dont les tiges , ordinairement plus minces , font
couvertes d'une écorce liffe & noirâtre. Ses feuilles lui reffemblent beaucoup , quoique plus petites. Ses fleurs font difpofées en grappes lâches.
Il leur fuccède des baies oblongues, noires lorfqu'elles font mûres , & d'une faveur fade.

** *Grofeillers épineux.*

2. RHUS *oxyacanthoïdes.* LINN. Grofeiller à
feuilles d'aube-épine. *Mountain Wild Goofe-*
Berry.

Cette efpèce eft de la hauteur du grofeiller
ordinaire. Ses tiges , plus minces & moins rameufes , font fouvent chargées de piquans près
de terre ; fes feuilles, quoique plus petites , lui
reffemblent beaucoup. Le fruit eft auffi bien
moins gros , & d'un goût agréable lorfqu'il eft
mûr. Il acquiert , ainfi que le précédent, de la
douceur par la culture. Nous en poffédons une
autre efpèce , qui n'eft pas plus épineufe que le
grofeiller commun.

3. **RIBES** *cynosbati*. **LINN.** Groseiller à fruit hérissé. *Prickly fruited Wild Goose Berry.*

Cet arbrisseau se trouve en Canada, & dans les parties hautes de la Pensylvanie. Il ressemble beaucoup au précédent; mais ses fruits sont couverts de piquans assez mous.

Nota. La seconde espèce se trouve en Canada, & dans la baie d'Hudson ; elle n'est point commune en France , non plus que la troisième. Il seroit intéressant de les recevoir l'une & l'autre.

Culture. Les groseillers se perpétuent par les marcotes , les boutures , mais sur-tout par les drageons enracinés , qu'on sépare en automne ou au printems , pour les planter en pépiniere. On pourroit aussi les obtenir de graines ; mais ce moyen n'est pas le plus expéditif, car elles ne lèvent pour l'ordinaire que la seconde année, & les plantes croissent lentement. Quoique tous les terrains conviennent en général à ces arbrisseaux, ils préféreront cependant un sol riche & fertile. Les climats chauds leur sont peu favorables ; aussi en trouve-t-on bien moins dans nos Provinces méridionales, que dans nos contrées tempérées.

ROBINIA.

FAUX ACACIA.

Robinia, or false Acacia.

Claſs. 17. Ordre 4. Diadelphie Décandrie.

Cal. *périanthe*, une pièce, petit., campanulé, quadrifide : trois *dents inférieures* plus petites ; la *ſupérieure*,
quatre fois plus grande, échancrée d'une manière
peu apparente, toutes de la même longueur.
Cor. papillonacée.
Etendard arrondi, grand, ouvert, obtus.
Ailes oblongues, ovales, libres, avec des appendices
obtuſes, courtes.
Carêne, preſque demi orbiculaire, comprimée, obtuſe, de la longueur des aîles.
Etam. *filets*, réunis en deux corps (l'un ſimple, l'autre
à neuf diviſions). Direction aſcendante. *Anthères*
arrondies.
Piſt. *germe*, cylindrique, oblong. *Style* filiforme, plié
vers le haut. *Stigmate* velu à ſa partie antérieure, vers
le ſommet du ſtyle.
Per. *gouſſe*, grande, comprimée, renflée, longue.
Sem. peu nombreuſes, réniformes.

1. ROBINIA *Pſeudo Acacia*. LINN. Faux Acacia,
ou Acacia blanc. *White flowering Robinia, or
locuſt-tree.*

Cet arbre croît ſpontanément dans quelques-
unes de nos Provinces. Sa tige s'élève à la hauteur de quarante à cinquante pieds, ſur un
diamètre de dix-huit à vingt pouces. Ses bran-

ches font nombreufes , armées d'épines courtes
& fortes ; fon écorce eft rude & noirâtre. Ses
feuilles font ailées , avec une impaire , & compofées pour l'ordinaire de huit ou dix paires
de folioles , entières , ovales , rapprochées de la
côte moyenne , & d'un vert clair. Ses fleurs
font difpofées en longues grappes pendantes fur
les côtés des branches , & portées chacune fur
un pédoncule particulier. Elles font blanches,
& répandent une odeur douce & agréable. Il
leur fuccède des gouffes comprimées , longues
de trois à quatre pouces , & larges de fix lignes,
contenant plufieurs femences dures & réniformes. Son bois dure très-long-tems ; on l'emploie
avec fuccès pour les poteaux que l'on deffine
à mettre en terre : il fert auffi à une infinité
d'autres ufages économiques ; c'eft pourquoi,
nous ne pouvons trop recommander de cultiver
& multiplier cet arbre. Il croît naturellement
dans un bon terrain humide.

2. R o b i n i a *rofea*. R o b i n i a *hifpida*. L i n n.
Acacia rofe. *Rofe Coloured Robinia.*

Les racines de cet arbriffeau tracent beaucoup. Ses tiges font foibles , hautes de fix à huit
pieds , & très-caffantes (Elles portent quelquefois des fleurs avant d'avoir atteint cette grandeur). Toute la plante, ainfi que les pétioles &
les pédoncules , font couverts de poils , dont la
couleur eft purpurine. Ses fleurs font plus grandes
que celles de l'efpèce précédente, & d'une belle
couleur rofe. Les étamines forment deux corps
diftinds ; au lieu que celles des fleurs du *faux*

acacia, font unies à leur bafe. Il n'eft pas rare de voir fleurir ce bel arbriffeau deux fois, ou même davantage, dans une année ; mais il produit difficilement des graines. On trouve encore d'autres variétés, qui diffèrent un peu par les gouffes, ou la couleur des fleurs.

Culture. Le *faux acacia* eft un des arbres qui mérite le plus d'être cultivé, comme objet de fpéculation. Il croît d'une viteffe extrême, & fon bois eft fort dur : on doit le planter à l'abri des montagnes, & en maffe ; car il eft fujet à être caffé par les vents, lorfqu'il eft ifolé & dans les plaines. Quelques perfonnes lui trouvent un inconvénient pour les jardins de propreté ; c'eft de pouffer à de très-grandes diftances, des rejets fans nombre, pour peu que fes racines foient endommagées. Dans plufieurs cantons de l'Amérique feptentrionale, cette végétation prodigieufe a été regardée comme un des moyens les plus fûrs de le perpétuer : en effet, coupez les racines du faux acacia, à la diftance d'environ un pied & demi tout autour du tronc ; arrachez l'arbre, & laiffez la foffe ouverte, vous ne tarderez pas à voir paroître quantité de jeunes plants. Cependant, la voie de multiplication la plus expéditive, eft celle des femences. Il ne s'agit que de répandre les graines au printems, dans un fol léger ; de les couvrir, d'environ fix lignes, d'une terre très-meuble, qui ne foit pas fufceptible de fe durcir, ou même de terreau ; de les arrofer fréquemment dans les tems fecs, & de farcler foigneufement les mauvaifes herbes. A l'aide de ces foins, & d'une faison favorable , on aura la même année des *acacias* d'environ deux pieds de hauteur , qui feront en état d'être plantés en pépinière dès la feconde année. Il est effentiel de ne pas femer trop dru ; car , à défaut de cette précaution , les plants , privés d'air & preffés les uns contre les autres , s'étioleroient , & fe nuiroient réciproquement. On remarque en général que ceux qui fe trouvent fur les bords des planches de femis, font toujours les plus beaux.

Le *faux acacia* eft naturalifé en France, depuis près de deux cents ans ; quelques-uns y donnent de fort bonnes graines, dont il eft aifé de fe pourvoir chez les marchands. On peut auffi s'en procurer de l'Amérique feptentrionale, où il eft abondant , & fingulièrement eftimé , tant à caufe de la fertilité qu'il donne aux terres , que par rapport à la durée de fon bois. Nul n'eft plus propre à fervir de poteaux pour être mis en terre. Dans les pays de vignoble , il deviendroit précieux pour les échalas, les cercles , &c. On le plante en Amérique fur les bords des rivières , pour empêcher la dégradation que caufent les eaux , & donner de la folidité aux rivages ; alors , il eft effentiel de le tenir en buiffon au moyen de la taille. Il peut auffi former de bonnes haies. Son bois eft d'un ufage très-étendu : on l'emploie dans la conftruction navale ; il fert à faire d'excellentes chevilles de vaiffeaux , &c.

Il croît affez bien dans tous les terrains ; mais il fe plaît préférablement dans ceux qui font légers & profonds.

Les femis du *faux acacia* nous ont enrichi

d'une variété qui n'a point d'épines , & que
cette particularité doit nous rendre intéreffante,
puifqu'elle peut offrir une très-grande reffource
pour la nourriture des beftiaux. Le feul inconvénient que j'y trouve, relativement à fon objet
d'utilité, c'eft de ne pouvoir être multipliée que
de greffes. On pourroit encore l'obtenir par fes
racines ; mais alors il faudroit l'avoir franche de
pied.

L'*acacia rofe* eft , parmi les arbriffeaux d'orné-
ment , un des plus agréables que nous connoif-
fions. On le greffe en fente , ou en éculffon à œil
pouffant, fur l'acacia blanc. Lorfqu'il eft franc de
pied , il produit des rejetons en affez grande
abondance.

R O S A.

R O S I E R.

The Rofe Bush.

Claff. 12. Ordre 5. Icofandrie Polyginie.

Cal. *périanthe*, une pièce. *Tube* renflé, col rétréci.
Limbe ouvert , globuleux, à cinq divifions : *découpures*
longues , lancéolées-étroites (dont deux alternes ont
un appendice de chaque côté dans quelques fleurs ;
deux autres alternes font nues de chaque côté ; une
cinquième n'a d'appendice que d'un feul côté).
Cor. *pétales* , cinq, un peu en cœur, inférées au col du
calice, & de même longueur que lui.
Etam. *filets* ; nombreux, capillaires , très-courts , inférées au col du calice. *Anthères* à trois angles.
Pift. *germes* nombreux au fond du calice. *Styles* , même
nombre, velus , très-courts , comprimés vers la partie

étroite du calice, insérés sur les côtés du germe. *Stig-*
mates obtus.

Per, *baie*, charnue, en forme de poire ; colorée, molle,
à une loge, couronnée par des découpures rudes, rétrécie au col, formé par le tube du calice.

Sem. nombreuses, oblongues, velues, fixées aux côtés
intérieurs du calice.

1. R o s a *Carolinensis.* **R o s a** *Carolinia ?* **Linn.**
Rosier de Caroline. *Wild Virginian Rosa.*

Ses tiges sont hautes de cinq à six pieds, &
un peu épineuses, ainsi que les pétioles & les
pédoncules. Ses feuilles sont aîlées, avec un impaire, & composées de quatre ou cinq paires
de folioles lancéolées, & dentées en scie. Ses
fleurs sont simples, rouges, & se montrent
tard.

2. R o s a *paluſtris.* Rosier des marais. *Swamp*
Penſylvanian Rose.

Cette espèce se plaît dans les marais. Ses tiges
sont hautes de quatre à cinq pieds, droites,
très-épineuses ; ses branches forment une tête
régulière. Ses feuilles sont aîlées, avec une impaire, & composées de trois paires de folioles,
oblongues, ovales, légèrement dentées, &
réunies sur un pétiole commun, chargé de quelques épines à sa partie inférieure. Ses fleurs sont
simples, & d'une couleur damassée. Il leur succède des baies rouges, arrondies, inclinées,
velues & très-gluantes.

3. ROSA *humilis*. Rofier nain de Penfylvanie.
Dwarf Penfylvanian Rofe.

Ses tiges font minces, hautes de deux à trois
pieds, armées d'aiguillons peu aigus, & couvertes d'une écorce verte & brunâtre. Ses feuilles font aîlées, avec une impaire, & compofées
de trois ou quatre paires de folioles, oblongues,
ovales, & finement dentées en fcie. Les découpures du calice ont fouvent des prolongemens
membraneux & linéaires. Ses fleurs font fimples,
& d'un rouge pâle.

4. ROSA *Penfylvanica plena*. Rofier de Penfylvanie à fleurs doubles. *Double Penfylvanian
Rofe*.

Cette efpèce reffemble beaucoup à la précédente; elle en differe par fes fleurs, qui font
doubles.

Nota. De toutes les efpèces ci-deffus, il n'y
a, je crois, que la première qui puiffe fe rapporter à une de celles décrites par M. *Linné*.
Les deux dernières font connues & cultivées
chez quelques curieux. Celle à fleur double eft
en général affez recherchée, quoique fes fleurs
foient fort petites. Outre ces rofiers, on en
trouve plufieurs en Virginie; les uns croiffent
dans des lieux aquatiques; plufieurs ont les
feuilles odorantes, & d'autres s'élevent jufqu'à
vingt pieds de hauteur.

Culture. Ces arbriffeaux fe multiplient de
drageons, de marcotes, & de graines, qui ne

germent ordinairement que la seconde année.
Les espèces rares & les doubles se greffent en écusson sur l'églantier, ou sur tout autre qui sera
vigoureux de sa nature. Pour avoir en quantité
des drageons bien enracinés, il faut chaque année, vers la fin de l'hiver, rabattre, très-près de
terre, les rosiers que l'on destine pour mères.
Cette opération rendra les plants plus forts, &
leur fera produire de plus belles fleurs. Les roses
doubles produisent quelquefois des graines ; on
ne doit pas négliger de les semer pour pouvoir
en obtenir des variétés.

R U B U S.

R O N C E.

The Raspberry bush and Bramble.

Class. 12. Ordre 5. Icosandrie Polyginie.

CAL. *Périanthe*, une pièce, à cinq divisions : *décou-*
pures oblongues, ouvertes, persistantes.
Cor. *pétales*, cinq, arrondis, droits-ouverts, de la longueur du calice.
Etam. *filets*, nombreux, plus courts que la corolle, inférés au calice. *Anthères* arrondies, comprimées.
Pist. *germes*, nombreux. *Styles* petits, capillaires, s'élevant sur les côtés du germe. *Stigmates* simples, persistans.
Per. *baie*, composée : *grains* arrondis, rassemblés en petite
tête convexe, concave à sa partie inférieure : chaque
grain à une loge.
Sem. solitaires, oblongues, *réceptacle* conique.

(219)

1. Rubus *fruÉticofus.* Linn. Ronce ordinaire d'Amérique. *Common Blackberry Bush.*

Ses tiges parviennent à la hauteur de quatre à cinq pieds , & quelquefois de dix : elles font un peu anguleufes & affez piquantes. Ses feuilles font ternées ; les folioles , quelquefois découpées fur les côtés , font pour l'ordinaire ovales , pointues , avec des dentelures aiguës & inégales , légèrement velues en deffous , & réunies fur un pédoncule affez long & couvert de piquans. La foliole du milieu eft un peu diflante des autres. Ses fleurs font nombreufes , & difpofées en bouquets terminaux : il leur fuccède des fruits noirs.

2. Rubus *hifpidus.* Linn. Ronce velue. *American Dewberry Bush.*

Cette efpèce eft beaucoup plus petite que la précédente. Ses tiges font plus minces , & traînent quelquefois fur terre à une diflance confidérable. Ses feuilles reffemblent beaucoup à celles de la ronce ordinaire , quoiqu'en général plus petites. Les fruits font auffi plus petits, plus arrondis , plus noirs , & foutenus par des pédoncules longs , fimples , & garnis dè piquans.

3. Rubus *Canadenfis.* Linn. Ronce de Canada. *Smooth Stalked Canadian Bramble.*

Cette efpèce eft , dit-on , originaire du Canada.

Ses tiges font purpurines & fans piquans ; fes feuilles font frangées, compofées de trois, cinq, ou dix folioles très-petites, lancéolées, & dentées finement.

4. R u b u s *Occidentalis.* Linn. Ronce d'Occident. *American Rafpberry.*

Ses tiges font cylindriques, garnies de piquans recourbés, longues de fept à huit pieds, dirigées fouvent vers la terre d'une manière circulaire, & y prenant quelquefois racine ; l'écorce eft recouverte d'une fubftance mince & bleuâtre. Ses feuilles font ternées ; les folioles font un peu cordiformes ou ovales, découpées & dentées en fcie, blanchâtres, & tomenteufes en deffous. Les latérales font quelquefois divifées, toutes font portées fur un pétiole commun ; l'intermédiaire l'eft de plus fur un pédicule particulier. Les fleurs font difpofées en bouquets terminaux : il leur fuccède de petits fruits, d'un noir tirant fur le rouge, lorfqu'ils font mûrs. Tous les grains font réunis, & portés fur un réceptacle conique.

5. R u b u s *odoratus.* Linn. Framboifier odorant de Virginie. *Virginian Rofe-Flowering Rafpberry.*

Ses tiges font ligneufes, droites, dépourvues de piquans, hautes de trois à quatre pieds, & recouvertes d'une écorce écailleufe brune. Ses feuilles font grandes, fimples, palmées, un peu

velues , & portées fur des pétioles affez longs.
Ses fleurs font terminales , difpofées en efpèce
de panicule , & d'une couleur rougeâtre : elles
reffemblent un peu à une rofe fimple , tant par
leurs pétales , que par les divifions du calice ,
qui font velues , & terminées par des prolongemens membraneux. Cette efpèce croît naturellement fur les montagnes couvertes de rochers
de la Penfylvanie & de la Virginie. Ses fleurs fe
fuccèdent pendant long-tems; ce qui la rend fort
agréable.

Culture. Les ronces fe multiplient avec la plus
grande facilité, foit de graines que l'on a foin de
faire tremper quelques heures avant de les femer,
pour en détacher la pulpe , foit de drageons, &
même de marcotes , puifque leurs branches
prennent racine par-tout où elles touchent immédiatement la terre.

Nota. De toutes les efpèces précédentes , la
dernière eft la feule qui mérite notre attention.
Néanmoins , les perfonnes qui font des collections , les recherchent toutes. La ronce ordinaire
de nos haies , nous a procuré une variété à fleur
double , qui eft affez eftimée.

S A L I X.

S A U L E.

The Willow Tree.

Claſs. 22. Ordre 2. Dioécie Diandrie.

*FLEUR *mâle.*
Cal. *chaton commun*, oblong, imbriqué de tous côtés ;
(involucre formé par le bouton) compofé d'écailles
uniflores, oblongues, plânes, ouvertes.
Cor. *Pétales*, nuls. *Nectaire* glanduleufe, cylindrique,
très-petite, tronquée, mellifere, au centre de la
fleur.
Etam. *filets*, deux, droits, filiformes, plus longs que
le calice. *Anthères* doubles, à quatre dents.
* *Fleur femelle.*
Cal. chaton & écailles, comme dans le mâle.
Cor. nulle.
Pift. *germe*, ovale, aminci en ftyle, à peine apparent, un
peu plus long que les écailles du calice. *Stigmates*,
deux, bifides, droits.
Per. *capfule*, ovale, en forme d'alêne, à une loge, à
deux valves : *valvules* réfléchies.
Sem. nombreufes, ovales, très-petites, couronnées
d'une aigrette fimple & velue.
Obf. On trouve des faules qui ont trois étamines, &
quelquefois cinq, d'inégale longueur.

* *Feuilles glabres & dentées.*

1. S A L I X *nigra.* Saule noir. *Rough American*
Willow.

La tige de cet arbre eft ordinairement penchée, haute d'environ vingt pieds, & recouverte d'une écorce rude & noire. Ses feuilles

font glabres , d'un vert égal des deux côtés ;
étroites , lancéolées , & dentées très-finement.
Ses chatons font longs & minces.

** *Feuilles velues & dentées.*

2. S A L I X *fericea.* Saules à feuilles foyeufes;
Ozier, *or Silky leaved Willow.*

Ses tiges font nombreufes , hautes de huit à
dix pieds , & recouvertes d'une écorce un peu
glabre, & d'un vert obfcur. Ses feuilles font plus
courtes , & un peu plus larges que celles de
l'efpèce précédente , lancéolées , foyeufes en-
deffous , & très-finement dentées.

*** *Feuilles entières & velues.*

3. S A L I X *humilis.* Saule nain. *Dwarf willow.*

Ses tiges font verdâtres , légèrement velues ,
& s'élèvent rarement au-deffus de trois à quatre
pieds. Ses feuilles font plus longues que celles
des deux autres efpèces , entières, ovoïdes , &
glauques à leur partie inférieure. On en trouve
quelques variétés qui font plus élevées , & que
l'on pourroit rapporter, foit à cette efpèce, foit
à la précédente.

Nota. Nous connoiffons un petit faule d'Amérique , auquel le nom d'*humilis* conviendroit
très-bien : il paroît fe rapporter à la troifième
efpèce qu'indique M. Marshall , & n'a point
encore été nommé. Quant aux deux premiers ,
il y a lieu de croire qu'ils ne font pas connus.

M. *Linné* ne fait mention d'aucune eſpèce de ſaule qui croiſſe en Amérique ; cependant , M. *Duhamel* , dans ſon Traité des Arbres & Arbuſtes , *pag.* 249 , dit , que les ſaules viennent naturellement à la Louiſiane & au Canada, & qu'il en a reçu de ce pays une eſpèce dont les feuilles ſont aſſez grandes.

Le genre des ſaules ne ſera bien connu , que lorſqu'on aura cultivé & examiné avec attention tous les individus. Sans cela , qui pourra aſſurer que telle eſpèce n'eſt pas l'individu mâle ou femelle d'une autre ?

Culture. Toutes les eſpèces de ſaules ſe multiplient de boutures , de marcotes , & de plants enracinés. Lorſqu'on les deſtine à former de grands arbres, il ne faut point les étêter. Les boutures ſe font en Février : on les enfonce de ſept à huit pouces en terre , en laiſſant ſortir deux ou trois yeux. Si on ſe propoſoit d'avoir des têtards , il faudroit couper des perches de neuf à dix pieds de haut, ſur environ ſix pouces de circonférence, en amincir le bout inférieur, & les enfoncer en terre de deux pieds. Cette plantation pourra être étêtée tous les ſept ou huit ans, & ſera d'un bon produit. Quoique les ſaules ſe plaiſent en général dans les terres aquatiques, ils préféreront cependant de ſe trouver ſur des berges entourées de foſſés , où l'eau puiſſe ſéjourner. Ceux dont les pieds ſeroient tout-à-fait dans l'eau, ne réuſſiroient pas auſſi bien.

Les avantages que l'on retire de quelques eſpéces de ſaules , ſont aſſez connus de tout le monde ;

monde; il eſt par conſéquent inutile de s'étendre ſur ce ſujet.

SAMBUCUS.

SUREAU.

The Elder Tree.

Claſs. 5. Ordre 3. Pentandrie Tryginie.

CAL. *Périanthe*, une pièce, ſupérieur, très-petit, à cinq *diviſions*; perſiſtant.

Cor. monopétale, en roue-concave, à cinq diviſions obtuſes : *découpures* réfléchies.

Etam. *filets*, cinq, en forme d'alène, de la longueur de la corolle. *Anthères* arrondies.

Piſt. *germe*, inférieur, ovale, obtus. *Style* nul. *Stigmates*, trois, obtus.

Per. *baie*, arrondie, à une loge.

Sem. trois, anguleuſes d'un côté, convexes de l'autre.

1. SAMBUCUS *nigra*. LINN. Sureau noir. *American Black-berried Elder.*

Sa tige s'élève ordinairement à la hauteur de ſix à huit pieds, ſur un diamètre d'environ deux à trois pouces. Ses feuilles ſont oppoſées, aîlées, avec une impaire, & compoſées pour l'ordinaire de trois paires de folioles, ovales, pointues, finement dentées en ſcie, un peu velues des deux côtés, d'un vert clair en-deſſous, & portées ſur un pétiole commun aſſez long & cannelé. Les fleurs ſont blanches, & diſpoſées en ombelles terminales, formées de cinq ombelles partielles,

dont chacune fe fubdivife encore. Il leur fuccède
des baies noirâtres. L'infufion de l'écorce intérieure eft regardée comme purgative. On pré-
pare, avec fes baies, une liqueur fpiritueufe,
qui provoque les urines, & rétablit la tranfpi-
ration.

2. **S A M B U C U S** *Canadenfis.* **L I N N.** Sureau de
Canada. *Canadian Red berried.*

On trouve cet arbriffeau fur le penchant des
montagnes, ou dans les terrains fertiles, humides
& ombragés des parties reculées de la Penfylvanie. Il reffemble beaucoup au précédent; mais
il porte des baies rouges, mûres, au plus tard,
à la fin de Juin, tems auquel l'autre eft en fleur.

Culture. Le fureau eft un des arbres qui fe multiplie avec le plus de facilité; il reprend très-
aifément de marcotes & de boutures. Ses graines,
femées au printems dans une terre légère, donnent en peu du tems du beau plant. Tous les
terrains lui conviennent.

S M I L A X.

S A L S E P A R E I L L E.

Roug Brindweed, or Green Briar.

Claf. 22. Ordre 6. Dioécie Hexandrie.

FLEUR *mâle.*
Cal. *périanthe,* fix pièces, en cloche ouvert: *folicles* oblongues, réunies à la bafe, réfléchies au fommet, ouvertes.

Cor. nulle ; à moins que l'on ne prenne le calice pour elle.

Etam. *filets* , six , simples. *Anthères* oblongues.

    * *Fleur femelle.*

Cal. comme dans le mâle, caduque.

Cor. nulle.

Pist. *Germe* , ovale. *Styles* très-petits. *Stigmates* oblongs ; réfléchis , velus.

Per. *baie* , globuleuse, à trois loges.

Sem. deux , globuleuses.

    * *Tiges anguleuses , garnies de piquans.*

1. S M I L A X *sarsaparilla*. LINN. Salsepareille du commerce. *Ivy leaved Rough Bindweed , or Sarsaparilla.*

Cette plante croît naturellement dans la partie méridionale de la Virginie. Ses tiges sont anguleuses , garnies de piquans ; ses feuilles ovales, pointues , à trois nervures , sont dépourvues de piquans.

2. SMILAX *Virginiana*. Salsepareille de Virginie. *Lanceolate-leaved Rough Bindweed.*

Ses tiges sont minces , anguleuses , garnies de piquans ; les feuilles en sont dépourvues , lan-céolées , pointues , & sans prolongement à la base.

    ** *Tiges cylindriques , épineuses.*

3. S M I L A X *rotundifolia*. LINN. Salsepareille à feuilles rondes. *Canadian Round-leaved Smilax.*

Les tiges grimpantes de cette espèce sont

cylindriques , garnies d'aiguillons droits & rares.
Les feuilles font en cœur , fans épines, à cinq
nervures , portées fur des pétioles courts , qui
foutiennent deux vrilles filiformes.

4. S M I L A X *laurifolia.* LINN. Salfepareille à
feuilles de laurier. *Bay leaved Rough Bind-*
weed.

Sa tige eft cylindrique & épineufe. Ses feuilles
font ovales lancéolées , dépourvues de piquans,
& d'une confiftance plus épaiffe que celles des
autres efpèces. Ses fleurs font petites & blanchâtres : il leur fuccède des baies noires , lorfqu'elles
font mûres.

5. S M I L A X *tamnoïdes.* LINN. Salfepareille à
feuilles de tamnus. *Bryony leaved Rough Bind-*
weed.

Ses tiges font cylindriques , épineufes, grimpantes ; fes feuilles font oblongues , cordiformes , fans piquans , & à cinq nervures. Les
baies font noires.

6. S M I L A X *caduca.* LINN. Salfepareille qui
perd fes feuilles. *Three-nerved-leaved Rough*
Bindweed.

Ses tiges grimpantes font cylindriques, recouvertes d'une écorce verte , & armées d'épines
noires. Ses feuilles font ovales , pointues , à trois
nervures, & caduques. Ses baies font noires.

*** *Tiges anguleufes, fans épines.*

7. SMILAX *bonna nox.* Salfepareille à feuilles
ciliées. *Carolinian Prickly leaved Smilax.*

Ses tiges anguleufes & fans épines, portent
des feuilles garnies de piquans fur les bords. On
trouve une variété de cette efpèce, dont les
feuilles font rudes, étroites, oreillées, & anguleufes à la bafe.

**** *Tiges cylindriques, fans épines.*

8. SMILAX *lanceolata.* LINN. Salfepareille lancéolée. *Red berried Virginian Smilax.*

Ses tiges font cylindriques, fans épines, ainfi
que les feuilles. Celles-ci font lancéolées. Les
baies font rouges.

9. SMILAX *Pfeudo China.* Salfepareille à racines
rouges. *Baflard China.*

Ses tiges font comme celles de l'efpèce précédente. Ses feuilles n'ont point d'épines; les
caulinaires font en cœur, & les raméales font
lancéolées. Les baies font noires, & portées fur
des pédoncules affez longs.

Culture. Les *fmilax* fe multiplient de graines
& de drageons enracinés, qu'on fépare au commencement de l'automne. Les efpèces délicates
doivent être femées au printems, dans des pots

ou terrines , & placées fur une couche de chaleur modérée, en ayant foin de leur procuré
de l'ombrage , & de les arrofer affez fréquemment. Elles ne lèvent ordinairement que la feconde année , quelquefois la troifième, & même
la quatrième ; néanmoins , il faut les tenir à
l'abri de la gelée pendant l'hiver. Les plants doivent être repiqués au printems dans des pots ,
qu'on met encore fur une couche , pour en
faciliter la reprife. Les efpèces ruftiques peuvent
être traitées de même , jufqu'à ce qu'elles aient
acquis affez de force ; alors on les plantera
dans un fol léger & frais : on les arrofera quelquefois dans les tems fecs ; & lors des fortes
gelées , on jetera un peu de paille au pied, pour
préferver leurs racines.

Comme la plupart des *fmilax* font originaires
de la Caroline du Sud, il y a lieu de croire
qu'on ne parviendra à les élever qu'avec peine,
en pleine terre, aux environs de Paris.

La première efpèce eft très-employée en médecine ; fa culture en grand pourroit ouvrir une
nouvelle branche de commerce dans les Provinces méridionales de France.

S O R B U S.

S O R B I E R.

The Service tree, Quickbeam, or Mountain Ash.

Claſs. 12. Ordre 3. Icoſandrie Trigynie.

CAL. *périanthe*, une pièce, concave-ouvert, à cinq dents; perſiſtant.

Cor. *pétales*, cinq, arrondis, concaves, inférés au calice.

Etam. *filets*, vingt, en forme d'alêne, inférés au calice. *Anthères* arrondies.

Piſt. *germe*, inférieur. *Styles*, trois, filiformes, droits. *Stigmates* en tête.

Per. *baie*, molle, globuleuſe, ombiliquée.

Sem. trois, un peu oblongues, diſtinctes, cartilagineuſes.

Obſ. Le nombre des piſtils varie.

SORBUS *Americana*. Sorbier d'Amérique. *American Service tree*.

Cet arbre eſt originaire des montagnes qui avoiſinent le Canada. Sa tige eſt droite, haute d'environ quinze à dix-huit pieds, & garnie d'un aſſez grand nombre de branches; ſes feuilles ſont aîlées, avec une impaire, & compoſées de huit ou neuf paires de folioles étroites & dentées. Les fleurs ſont diſpoſées en ombelle, à l'extrémité des rameaux. Il leur ſuccède des baies arrondies & rouges.

Culture. Cette eſpèce, qui ne paroît pas différer de notre ſorbier des chaſſeurs, ſe multiplie de graines, ainſi que lui. Elles exigent le même traitement que celles d'épines (voyez l'article *Mespilus*). Les pépinierifles font dans l'ufage de perpétuer tous les forbiers par la greffe en écuf-fon fur l'épine blanche. Les arbres croiffent beaucoup plus vîte que ceux provenus de grai-nes, & font infiniment plus beaux. Ils méritent avec raifon d'être cultivés dans les jardins d'a-grément. Ils fe plaifent en général dans les terres fortes & humides ; cependant, on en voit d'affez beaux dans les terrains légers & fecs.

S P I R Æ A.

(De même en François & en Anglois.)

Clafs. 12. Ordre 4. Icofandrie Pentagynie.

Cal. *périanthe*, une pièce, à cinq dents, plâne à fa bafe ; perfiftant : *découpures* aiguës.
Cor. *pétales*, cinq, oblongs, arrondis, inférés au calice.
Etam. *filets*, plus de vingt, filiformes, plus courts que la corolle, inférés au calice. *Anthères* arrondies.
Pift. *germe*, cinq, ou plus. *Styles*, même nombre, fili-formes, de la longueur des étamines.
Per. *Capfules*, oblongues, aiguës, comprimées, à deux valves.
Sem. peu nombreufes, aiguës, petites.
Obf. Le *fpiræa* à feuilles d'obier, a trois ftyles.

1. SPIRÆA *hypericifolia*. Mille-pertuis (1). *Cana-dian Spiræa, or Hypericum frutex.*

Cet arbriffeau s'élève à la hauteur de quatre à

____

(1) Comme il n'y a point d'efpèce de *fpiræa*, qui ait les feuilles oppofées, & les fleurs jaunes, on ne peut rapporter celle-ci qu'à un *mille-pertuis.*

cinq pieds. Ses branches font nombreuses,
minces, & recouvertes d'une écorce d'un brun
obfcur. Ses feuilles font oppofées, oblongues,
entières, glabres, & femblables à celles du mille-
pertuis. Ses fleurs font jaunes, difpofées en petites ombelles, feffiles fur les rameaux, & portées chacune fur un pédoncule long & mince.
Il leur fuccède des capfules oblongues, pointues,
& remplies de petites femences. Son afpect eft
très-agréable, lorfqu'il eft en fleur.

2. S P I R Æ A *opulifolia*. L I N N. Spiræa à feuilles
d'obier. *Guelder Rofe-leaved Spiræa , or Nine-
Bark.*

Cette efpèce, qui s'élève à fa hauteur de cinq
à fix pieds, pouffe un grand nombre de tiges
ligneufes, recouvertes d'une écorce brune &
écailleufe. Ses feuilles font comme trilobées ;
les deux découpures latérales font petites, obtufes & rapprochées de la bafe, l'intermédiaire eft
grande & pointue ; toutes font légèrement crénelées & dentées en fcie. Les fleurs font difpofées
en efpèce de corymbe à l'extrémité des rameaux :
elles font blanches, avec quelques taches, d'un
rouge pâle. Il leur fuccède des capfules renflées
& verdâtres.

3. S P I R Æ A *Caroliniana*. Spiræa de Caroline.
Carolinian Guelder Rofe-leaved Spiræa.

C'eft une variété du précédent, qui lui reffemble beaucoup par la manière de croître.

(234)

3. **Spiræa** *tomentofa.* Spiræa tomenteux. *Scarlet Flowered Philadelphian Spiræa.*

Cet arbriffeau eſt originaire de Penſylvanie. Sa tige, haute de trois à quatre pieds, eſt recouverte d'une écorce pourpre, & d'un duvet farineux gris. Ses feuilles ſont petites, lancéolées, inégalement dentées, d'un vert clair en-deſſus, tomenteuſes & veinées en-deſſous. Ses fleurs ſont petites, d'une belle couleur rouge, & diſpoſées en bouquets à l'extrémité des rameaux.

4. **Spiræa** *tomentofa alba.* Spiræa tomenteux à fleurs blanches. *White flowered Philadelphian Spiræa.*

C'eſt une variété du précédent, dont la tige s'élève à la hauteur de quatre à cinq pieds. Ses feuilles ſont petites, minces, ovales-oblongues, légèrement dentées en ſcie, & un peu velues des deux côtés. Ses fleurs ſont diſpoſées en bouquets, & d'un vert blanc; ce qui les rend très-agréables.

On appelle cet arbriffeau, *tuyau de pipe Indien,* parce que les naturels du pays ſont ſervir à cet uſage ſes tiges moëlleuſes.

Culture. Tous les *ſpiræas* peuvent ſe multiplier de graines; mais on préfère de marcoter leurs branches: un an ſuffit pour leur faire prendre racine. Alors on les met en pépinière; & deux ou trois ans après, lorſque les plants ont acquis affez de force, on peut les planter à demeure.

Les efpèces qui pouffent beaucoup de drageons, offrent encore ce moyen de les perpétuer : on les fépare en automne , ou même au printems , & on les traite d'ailleurs comme les marcotes. En général, ces arbriffeaux ont befoin d'être renouvellés fur eux-mêmes tous les fept à huit ans ; car ils perdent de leur beauté à mefure qu'ils vieilliffent.

Le *fpiræa* à feuilles d'obier , forme un buiffon agréable , & eft très-propre à garnir des maffifs. Il croît dans des terrains affez médiocres.

Le *fpiræa tomenteux* ne réuffit que dans les terres fortes & humides ; il n'eft pas très-commun , quoiqu'il mérite , autant que tout autre , d'être cultivé.

STAPHYLEA.

NEZ - COUPÉ.

Blader Nut - tree.

Clafs. 5. Ordre 3. Pentandrie Trigynie.

CAL. *périanthe* , cinq divifions , concave , arrondi , coloré , à-peu-près de la grandeur de la corolle.
Cor. *pétales* , cinq , oblongs , femblables au calice.
  Neélaire porté fur le réceptacle de la fruéification , au fond de la fleur , concave , en forme de godet.
Etam. *filets* , cinq , oblongs , droits , de la longueur du calice. *Anthères* fimples.
Pift. *germe* , épaiffi , à trois divifions. *Styles* trois , fimples , un peu plus longs que les étamines. *Stigmates* obtus , contigus.
Per. *capfules* , trois , renflées , flafques , réunies par des

futures longitudinales , fommets aigus ; s'ouvrant intérieurement.
Sem. deux , offeufes , arrondies , unies aux futures intérieures , pointe oblique , foffette arrondie fur le côté
du fommet.

STAPHYLEA *trifolia.* LINN. Nez-coupé à
feuilles ternées. *Three leaved Bladder-nut-tree.*

Cet arbriffeau , dont la hauteur ordinaire eft
de huit à dix pieds , porte des branches nombreufes & oppofées. L'écorce du tronc & des
vieilles branches eft grisâtre ; celle des jeunes
rameaux eft d'un vert clair. Ses feuilles font
oppofées , ternées ; les folioles font ovales , lancéolées , dentées finement en fcie , & portées
fur un pétiole commun , affez long. La foliole
intermédiaire eft portée fur un pédicule particulier. Les fleurs font blanches , difpofées en
panicules , & portées fur des pédoncules paffablement longs. Il leur fuccède des capfules affez
grandes , en forme de veffie à trois côtés ,
& renfermant plufieurs femences dures &
arrondies.

Culture. Le *nez-coupé* fe propage de boutures ,
de marcotes , mais plus généralement de drageons & de graines. On les feme en automne ,
dans une terre légère ; elles n'exigent après cela
que quelques arrofemens dans les jours chauds.
Lorfque les plants ont deux ans , on les met en
pépinière à environ un pied de diftance , & on
choifit de préférence l'automne pour faire cette
tranfplantation.

Cet arbriffeau fait un effet très-agréable dans

les bofquets , fur-tout fi on le laiffe venir en buiffon.

Nota. Lorfque les graines font femées au printems , elles ne levent quelquefois que la feconde année.

STEWARTIA.

(De même en François & en Anglois.)

Claf. 21. Ordre 9. Monadelphie Polyandrie.

CAL. *périanthe ;* une pièce , à cinq divifions , ouvert : *découpures* ovales , concaves , perfiftantes.

Cor. *pétales* , cinq , ovoïdes , ouverts , égaux , grands.

Etam. *filets* , nombreux , filiformes , réunis en cylindre à leur partie inférieure , plus courts que la corolle , & fixés à la bafe des pétales. *Anthères* arrondies , vacillantes.

Pift. *germe* , arrondi , velu. *Style* filiforme , de la longueur des étamines. *Stigmates* à cinq dents.

Per. *pomme* , dépourvue de fuc , cinq lobes , cinq loges.

Sem. folitaires , ovales , comprimées.

STEWARTIA *Malacodendron.* LINN. Stewartia de Virginie. *Virginian Stewartia.*

Cet arbriffeau eft originaire de Virginie. Ses tiges font fortes , hautes de dix à douze pieds , & recouvertes d'une écorce brunâtre. Ses feuilles font ovales-lancéolées , très-finement dentées , & velues en - deffous. Ses fleurs font blanches , grandes , folitaires , & feffiles fur les petits rameaux. Les capfules font sèches , ligneufes , un peu coniques , à cinq angles , & à cinq loges ,

dont chacune contient une femence liſſe &
oblongue. Son aſpeĉt eſt très-agréable , lorſqu'il
eſt paré de ſes fleurs.

Culture. Cet arbriſſeau eſt très-rare , & auſſi
difficile à ſe procurer en plant qu'en graine.
Celles que nous avons reçu pluſieurs fois d'A-
mérique , n'ont jamais levé. Il ſe plaît dans les
terrains bas , humides , ombragés , & même ſur
les bords des ruiſſeaux. On peut le demander
dans la Caroline du Sud.

S T Y R A X.

S T Y R A X.

The Storax tree.

Claſſ. 10. Ordre 1. Dodécandrie Monogynie.

C A L. *périanthe* , une pièce , cylindrique , droit, court,
à cinq dents.
Cor. monopétale , en entonnoir. *Tube* court , cylindrique , de la longueur du calice. *Limbe* à cinq diviſions ,
grand , ouvert : *découpures* lancéolées , obtuſes.
Etam. *filets* , dix (quelquefois davantage) , droits , placés circulairement , peu adhérent à la baſe , en forme
d'alêne , inſérés à la corolle. *Anthères* oblongues ,
droites.
Piſt. *germe* , ſupérieur. *Style* ſimple , de la longueur des
étamines. *Stigmate* tronqué.
Per. *brou* , arrondi , à une loge.
Sem. deux , noyaux arrondis , aigus , convexes d'un
côté , plânes de l'autre.

S T Y R A X *Americana*. Styrax d'Amérique. Ca-
rolinian Storax-tree.

Cet arbriſſeau eſt originaire de Caroline. Son

tronc , d'une groffeur moyenne , & recouvert d'une écorce liffe , brunâtre , s'élève à la hauteur de dix à douze pieds, & porte un grand nombre de branches minces. Ses feuilles font affez grandes , ovales, un peu pointues , à peine dentées , d'un vert foncé , légèrement velues en-deffus , mais bien davantage en-deffous. Les pétioles font courts & cotonneux , ainfi que les jeunes pouffes. Les fleurs font blanches, difpofees fur les petits rameaux en efpèce de grappe pendante, éparfes , & compofées chacune de dix étamines. L'odeur qu'elles répandent, approche un peu de celles des fleurs d'orangers. Il leur fuccède des baies arrondies , dont chacune contient deux femences auffi arrondies

Culture. Cet arbriffeau fe multiplie de marcotes & de graines , qu'on feme au printems dans des pots , & fur une couche tiède : on leur procure de l'ombrage dans les jours chauds , & l'hiver on les met à l'abri de la gelée. Il fe plaît dans un fol léger & humide.

Nota. On trouve en Caroline deux efpèces de *ftyrax;* l'une a les feuilles larges & cotonneufes, & l'autre les a lancéolées & glabres. Ces arbres méritent d'être cultivés ; & quoiqu'ils fupportent affez bien le froid de notre climat, je confeille de ne les rifquer en pleine terre , que lorfqu'ils feront un peu forts.

T A X U S.

I F.

The Yew-tree.

Claſs. 22. Ordre 12. Dioécie Monadelphie.

*FLEUR mâle.

Cal. nul, à moins qu'on ne conſidère le bouton comme un calice à quatre pièces.

Etam. *filets*, nombreux, réunis à leur partie inférieure, en colonne plus longue que le bouton. *Anthères* comprimées, obtuſes ſur les bords, à huit dents, s'ouvrant de tous côtés (lorſqu'elles ont jeté leur pouſſière), plânes, en plateau, remarquables par les huit dents du bord.

* Fleur femelle.

Cal. comme dans le mâle.

Cor. nulle.

Piſt. *germe*, ovale-aigu. *Style* nul. *Stigmate* obtus.

Per. *baie*, réceptacle, avec un enfoncement globuleux; charnue, colorée, s'ouvrant à ſon ſommet.

Sem. une, ovale-oblongue, apparente au ſommet de la baie.

TAXUS *Canadenſis.* TAXUS *baccata.* LINN.
If. *Canadian Yew-tree.*

Cet arbre croît lentement ; il porte des branches nombreuſes & éparſes. Ses feuilles ſont étroîtes, roides, linéaires, aiguës & perſiſtantes. Ses fleurs viennent en grand nombre ſur les côtés des rameaux. Il leur ſuccède des baies ovales, rouges, charnues, ouvertes à leur ſommet, contenant chacune une ſemence ovale, brune.

II

Il eſt ſuſceptible de recevoir toutes les formes qu'on veut lui donner.

Nota. Cette eſpèce ne me paroît pas différente de celle que nous avons en Europe ; c'eſt pourquoi, j'ai cru devoir lui reſtituer le nom ſous lequel elle eſt généralement connue.

Culture. L'*if* ſe multiplie de ſemences & de boutures, qu'on plante au printems, dans un terrain frais & ombragé. Les graines doivent être cueillies d'abord après leur maturité, & ſemées tout de ſuite, encore ne leveront-elles, en grande partie, que le printems de la ſeconde année. Il faut les couvrir d'environ un demi pouce de terre légère, les arroſer dans les tems ſecs, & ſarcler les mauvaiſes herbes. Deux ans après, ſi ces plantes ont fait quelques progrès, elles ſeront en état d'être miſes en pépinière. Le tems le plus favorable pour la tranſplantation, eſt le commencement de Septembre, ou les premiers jours d'Avril. Cet arbre croît aſſez bien dans toutes ſortes de terres ; mais il ſe plaît particuliérement à l'ombre.

Tout le monde connoît l'uſage aſſez général que l'on faiſoit autrefois de l'*if* ; mais le peu d'agrément qu'il préſente, l'a fait bannir de nos jardins modernes. Il n'a de mérite que pour les boſquets, où l'on raſſemble les arbres qui ne quittent point leurs feuilles.

THUYA.

THUYA, ARBRE DE VIE.

Arbor vitæ , or Tree of life.

Claſs. 21. Ordre 9. Monoécie Monadelphie.

* **F**LEURS mâles.
Cal. *chaton* , ovale , formé d'un axe commun , ſur lequel ſont portées des fleurs en triple oppoſition ; à la baſe de chaque fleur , une *écaille* concave , obtuſe.
Cor. nulle.
Etam. *filets* , quatre (dans chaque fleuron) , à peine viſibles. *Anthères* , même nombre , ſortant de l'écaille calicinale.
* *Fleurs femelles* ſur le même individu.
Cal. *cône commun* , ovoïde , formé de *fleurons* oppoſés : *écailles* biflores , ovales , convexes , ſe réuniſſant dans leur longueur.
Cor. nulle.
Piſt. *germe* , très-petit. *Style* , en forme d'alène. *Stigmate* ſimple.
Per. *cône* , ovale-oblong , obtus , s'ouvrant longitudinalement : *écailles* oblongues , preſque égales , obtuſes , convexes extérieurement.
Sem. oblongues , entourées longitudinalement d'une aîle membraneuſe , échancrées.
Obſ. Ce genre a beaucoup d'affinité avec le cyprès.

THUYA *Occidentalis.* **LINN.** Thuya d'Occident ; ou de Canada. *American arbor vitæ.*

Cet arbre ſe trouve dans le Canada , & dans les autres parties ſeptentrionales de l'Amérique. Son tronc devient aſſez gros ; & s'élève à la hauteur de trente à quarante pieds. Ses branches ſont nombreufes , irrégulières , & dirigées prefque horifontalement. L'écorce des jeunes pieds eft liffe, & d'un brun foncé ; mais elle fe fend, & devient rude à mefure qu'ils vieilliffent. Les rameaux font applatis , & couverts de petites feuilles appliquées les uns fur les autres, comme des écailles de poiffon. Les cônes font petits , lâches & contiennent plufieurs femences oblongues & membraneufes.

2. THUYA *Occidentalis variegata*. Thuya d'Occident panaché. *Striped leaved Arbor vitæ.*

C'eft une variété du précédent, qui n'en diffère que par fes feuilles panachées.

3. THUYA *Occidentalis odorata*. Thuya d'Occident odorant. *American Sweet fcented Arbor vitæ.*

C'eft encore une variété du premier , avec la feule différence , que fes feuilles & fes petites branches répandent une odeur agréable , lorfqu'on les froiffe.

Culture. Cet arbre reprend affez bien de boutures dans les lieux frais & ombragés. On le multiplie plus généralement de marcotes , & fur-tout de graines, qu'il faut femer au printems, dans une planche de terre de bruyère, & à l'ombre : on leur donnera d'ailleurs tous les foins qu'exigent les femis un peu précieux , qui font d'arrofer de tems en tems , de nétoyer les mauvaifes herbes, &c. Malgré ces précautions, les plants ne paroiffent quelquefois que la feconde année.

Les marcotes fe font vers le mois de Mars. On doit avoir foin de mettre de la menue paille fur la terre, près de leur tige, pour entretenir le fol humide, fans qu'il foit befoin d'arrofer trop fouvent.

Quelques perfonnes font les boutures au printems; mais je crois qu'il eft préférable d'attendre le commencement du mois d'Août. Alors, on coupe des jeunes rameaux (d'un an ou deux), à leur naiffance de la tige ou des branches, en laiffant un peu de vieux bois ; on retranche enfuite les feuilles & les petites brindilles à la partie inférieure, qui doit être enfoncée en terre d'environ fix pouces. On répand également de la menue paille, pour empêcher l'action du foleil, & on arrofe quelquefois dans les tems fecs.

Les deux variétés qu'indique M. Marshall, ne fauroient être élevées autrement, que de marcotes ou de boutures.

Nous obferverons que le *thuya* de la Chine peut être traité comme celui de Canada ; mais qu'il eft en général moins délicat, & plus aifé à multiplier. Ses graines réuffiront dans une terre légère, de médiocre qualité, & à toute expofition, pourvu qu'on n'épargne pas les arrofemens, lorfque le tems l'exigera. Elles levent pour l'ordinaire la même année.

Si l'on avoit à faire de grandes plantations de ces deux efpèces d'arbres dans des lieux éloignés, il feroit avantageux de les élever en pots, ainfi que nous l'avons dit pour les pins. Cette opération eft à la vérité un peu coûteufe ; mais il y a toujours à gagner de ne planter qu'une fois.

L'efpèce d'Amérique exige un terrain frais ;
celle de la Chine vient affez bien dans les terres
sèches. Le bois de l'une & de l'autre eft très-
durable , & peut étre employé à différens ufages.

T I L I A.

T I L L E U L.

The Lime , or Linden Tree.

Clafs. 13. Ordre 1. Polyandrie Monogynie.

Cal. *périanthe* , cinq divifions , concaves , colorées ,
prefque de la longueur de la corole, caduque.

Cor. *pétales* , cinq, oblongues , obtufes , crénelées au
fommet.

Etam. *Filets* , nombreux (trente & plus), en forme
d'alêne, de la longueur de la corolle. *Anthères* fimples.

Pift. *Germe* , arrondi. *Style* filiforme , de la longueur
des étamines. *Stigmate* à cinq loges , obtus.

Per. *capfule* , coriacée , globuleufe , cinq loges , cinq
valves , s'ouvrant par la bafe.

Sem. folitaire , arrondie.

Obf. La capfule paroît n'avoir qu'une loge & une
graine , parce que les autres parties avortent.

Le tilleul d'Amérique a cinq écailles placées autour du
germe , & unies aux onglets de la corolle.

1. TILIA *Americana.* Tilleul d'Amérique. *Ame-*
rican Black Lime, or Linden Tree.

Cet arbre parvient quelquefois à une hauteur confidérable. Son tronc eft couvert d'une
écorce d'un brun foncé , & porte des branches nombreufes ; fes feuilles font grandes , en
cœur, pointues , dentées en fcie , portées fur
de longs pétioles , d'un vert foncé en deffus ,

plus pâles, & légèrement velues en-deſſous. Les
fleurs ſont de couleur herbacée, diſpoſées ſur les
petits rameaux, & remarquables par une bractée,
ou feuille florale, unie à chaque pédoncule. Les
pétales ſont étroits, & nectariferes à leur baſe.
Les capſules ſont rondes, un peu velues, &
groſſes à peu-près comme un pois ; chacune
contient une ſemence arrondie.

2. Tilia *Caroliniana.* Tilleul de la Louiſiane,
Carolinian oblique-leaved Lime Tree.

Cet arbre croît plus lentement que le précédent. Son tronc s'élève ordinairement à la hauteur
d'environ quarante pieds, ſur un diamètre de
dix-huit pouces, ou davantage. Son écorce eſt
mince & ſillonnée ; ſes feuilles ſont plus petites
que celles de l'eſpèce précédente, un peu cordiformes, inégales à leur baſe, terminées par
une pointe, & finement dentées en leurs bords.
Les pédoncules ſont longs, minces, & adhérens
à une eſpèce de languette ou feuille florale. Les
fleurs ſont petites, & compoſées de pétales rétrécis, aigus, & garnis à leur baſe de nectaires ou
écailles. Elles répandent une odeur agréable, &
ſont très-recherchées des abeilles. On a fait uſage
avec ſuccès dans l'épilepſie, de l'infuſion des
fleurs de tilleul. Son bois, très-mou pour ſervir
à des ouvrages où il faut de la ſolidité, eſt employé principalement par les tourneurs, les
ſculpteurs & les architectes, qui en ſont les mo-
dèles de leurs bâtimens.

Nota. On pourroit ajouter à ces deux eſpèces,

un tilleul à feuilles argentées , qui se trouve aussi dans l'Amérique septentrionale.

Culture. Les tilleuls élevés de semences, font bien peu de progrès les premières années ; c'est pourquoi, il est préférable de les multiplier de marcotes. On choisit , à cet effet, un bon terrain , qu'on a soin de bien labourer ; on y plante en automne des tilleuls sains & vigoureux, de six à sept ans , & on les rabat près de terre, à environ sept à huit pouces. Lorsque ces arbres font bien enracinés , ils poussent quantité de fortes branches , qui font très-propres à être marcotées ; il ne s'agit que de les coucher, & de les couvrir de six à sept pouces de terre, en laissant sortir de trois ou quatre pouces (même davantage, selon la force de la branche), l'extrémité des jets. Si la saison est favorable, un an suffira pour leur faire prendre racine ; alors elles feront en état d'être plantées en pépinière , à deux pieds de distance en tout sens. S'il se trouvoit des marcotes trop foibles , on les laisseroit se fortifier , ou bien on réduiroit leurs tiges à huit ou dix pouces de terre , plus ou moins en proportion des racines. Cette opération les feroit pousser avec vigueur.

Quoique nous ne conseillions pas la voie des semences , pour se procurer des tilleuls ; néanmoins , si on étoit bien aise de l'employer , il faudroit , dès l'automne , répandre les graines sur les planches destinées à les recevoir, ou bien les conserver dans du sable jusqu'au printems. A défaut de ces précautions, elles ne leveront que la seconde année.

Q iv

Les efpèces rares fe greffent en écuffon fur le tilleul des bois.

Quoique ces arbres croiffent affez bien dans les terrains fecs & graveleux, ils viennent cependant mieux dans une terre profonde, légère & humide.

TILLANDISA,

(De même en François & en Anglois.)

Claff. 6. Ordre 1. Hexandrie Monogynie.

CAL. *périanthe*, une pièce, à trois dents, oblong & droit, perfiftant : *découpures* oblongues-lancéolées, aiguës.

Cor. monopétale, tubuleufe. *Tube* long, renflé. *Limbe* trifide, obtus, droit, petit.

Etam. *filets*, fix, de la longueur du tube de la corolle. *Anthères* aiguës, renfermées dans le tube de la corolle, vacillantes.

Pift. *germe*, oblong, aigu des deux côtés. *Style* filiforme, de la longueur des étamines. *Stigmate* trifide, obtus.

Per. *capfule*, longue, à trois angles obtus, aiguë, à une loge, à trois valves.

Sem. nombreufes, fixées à une aigrette capillaire très-longue.

TILLANDSIA *ufneoïdes*. LINN. Tillandfia de Caroline. *Carolinian Tillandfia.*

Plante parafite, qui croît fur les branches des arbres, & qui eft compofée de fils rudes & minces, ainfi que les mouffes. Ses feuilles font blanchâtres & velues.

Nota. Cette plante parafite abonde en Caro-

line , où on la fait fervir , dit-on , à la nourriture
de quelques animaux. Les emballages intérieurs
des caiffes d'arbres qu'on nous envoie de ce
pays , font en grande partie faits avec cette
plante. Elle exigeroit pour réuffir , une tempé-
rature plus chaude , & en même tems plus humide que celle des environs de Paris.

U L M U S,

O R M E,

The Elm-Tree.

Claff. 5. Ordre 2. Pentandrie Digynie.

Cal. *périanthe* , une pièce , en forme de poire , ridé,
Limbe , cinq dents ; droit , coloré intérieurement ,
perfiftant.
Cor. nulle.
Etam. *filets* , cinq , en forme d'alêne . deux fois plus
longs que le calice. *Anthères* droites , courtes ; à quatre
fillons.
Pift. *germe* , orbiculaire , droit. *Styles* , deux , plus courts
que les étamines , réfléchis. *Stigmates* velus.
Per. *baie* , ovale , grande , dépourvue de fuc, comprimée
membraneufe.
Sem. folitaire, arrondie , légèrement comprimée.

Ulmus *Americana.* Orme d'Amérique , *ou* bois
dur. *American Rough leaved Elm-tree.*

Cet arbre s'élève à la hauteur d'environ trente
pieds. Son tronc eft affez gros , & couvert d'une
écorce rude , légèrement dentées. Ses feuilles
font oblongues-ovales, terminées par une pointe,
dentées affez irrégulièrement , inégales à leur

bafe , très-rudes en-deffus , & velues en-deffous.
Les fleurs font portées fur des pédoncules courts,
& difpofées par bouquets fur les rameaux. Il
leur fuccède des fruits comprimés , membraneux , contenant chacun une femence ovale &
applatie.

2. **U L M U S** *mollifolia*. Orme à feuilles douces,
American Soft-leaved Elm.

Cet arbre devient quelquefois plus grand que
le précédent. Ses feuilles font ovales-oblongues,
terminées par une pointe , inégales à leur bafe ,
doublement dentées , velues en-deffous , glabres
en-deffus , moins rudes , & d'une texture plus
mince que celle de l'efpèce précédente. Les fruits
font auffi beaucoup plus petits , échancrés au
fommet , & frangés fur les bords.

Nota. La première efpèce eft celle qu'on appelle *bois dur* d'Amérique. La feconde efpèce ,
quoiqu'ayant les feuilles moins rudes , en eft
vraifemblablement une variété.

Culture. Tous les ormes fe multiplient par les
rejetons , les marcotes , les greffes & les graines.
Pour les marcotes , voyez le procédé indiqué à
l'article du Tilleul (*tilia*). Les efpèces rares fe
greffent en écuffon fur l'orme ordinaire. La voie
des graines eft la plus généralement employée ;
on les traite de la manière fuivante. Dès qu'elles
font mûres (c'eft ordinairement vers le milieu
de Mai) , il faut les récolter , les étendre dans
un grenier aéré , les y laiffer quelques jours ; les
femer enfuite dans un terrain bien préparé , &

les couvrir, d'environ cinq à six lignes, d'une terre légère, ou même de terreau. Elles ne tarderont pas à lever ; on les arrosera quelquefois dans les tems secs, & on ôtera soigneusement les mauvaises herbes. Avec ces précautions, les plants acquéreront, dans la même année, une bonne hauteur, & on pourra les disposer en pépinière dans l'automne de la seconde année. C'est encore à la seconde année de plantation, où à la troisième, si les pieds étoient trop foibles, qu'il faut rabattre rez-terre ces jeunes arbres, pour leur faire pousser une belle tige droite, dont on aura soin de racourcir les branches latérales à environ quatre à cinq pouces du maître-brin ; ce qui entretiendra la sève également sur toute la hauteur de l'arbre, & le fera grossir en proportion de son élévation.

Les ormes croissent dans toutes sortes de terrains ; mais ils deviennent plus beaux dans ceux qui sont profonds, & un peu humides.

VACCINIUM.

AIRELLE.

Whortle-Berry.

Class. 8. Ordre 1. Octandrie Monogynie.

C AL. *périanthe*, très-petit, supérieur, persistant. Cor. monopétale, en cloche, quadrifide, ou quinquefide : *découpures* roulées en-dehors. Etam. *filets*, huit (quelquefois dix), simples, insérés au réceptacle. *Anthères* fourchues, garnies sur le dos de deux barbes ouvertes, s'ouvrant au sommet.

Pift. *germe* , inférieur. *Style* fimple , plus long que les étamines. *Stigmate* obtus.

Per. *baie* , globuleufe , ombiliquée , à quatre ou cinq loges.

Sem. peu nombreufes , menues.

* *Feuilles caduques ou annuelles.*

1. VACCINIUM *arboreum.* Airelle en arbre. *Winter , or tree whortle berry.*

Arbre originaire de Caroline , dont le tronc , affez gros , parvient à la hauteur de dix à quinze pieds , & porte au fommet un grand nombre de branches. Les fruits font petits , & mûriffent tard en automne.

2. VACCINIUM *album.* LINN. Airelle blanche. *Penfylvanian White whortle-berry.*

Arbriffeau qui s'élève à environ deux pieds ; dont les feuilles font entières , ovales , & velues en leur furface inférieure; celle ci eft un peu blanchâtre , lorfqu'elles font jeunes. Les fleurs naiffent vers l'extrémité des branches ; elles font portées deux ou trois enfemble , fur des pédoncules très-courts & nus. Les fruits font petits & blanchâtres.

3. VACCINIUM *corymbofum.* LINN. Airelle à fleurs en corymbe. *Clufter-Flowered Vaccinium.*

Cette efpèce croît naturellement dans les lieux humides & les marais, où elle s'élève à la hauteur de cinq à fix pieds. Ses feuilles font entières , oblongues-ovales, & un peu velues en leur furface inférieure. Les fleurs font difpofées en corymbes feffiles autour des rameaux. Les fruits prennent une couleur pourpre foncé en mûriffant ; ils font acides, & d'un goût agréable. On trouve, je crois, quelques variétés de cette efpèce, beaucoup plus petites, & qui croiffent fur des terrains plus élevés. Les feuilles de quelques unes ont des dents très-fines & aiguës.

4. Vacinnium *frondofum*. Linn. Airelle à fleurs accompagnées de feuilles. *Leaf Vaccinium, or Indian Goofe-berry.*

Cet arbriffeau croît dans les lieux humides. Sa tige, ordinairement penchée & tortueufe, s'élève à la hauteur de trois ou quatre pieds. Les feuilles font entières, ovales-lancéolées ; les fleurs font campanulées, & portent des anthères très-longues, fourchues, dont chaque bifurcation eft elle-même à deux dents. Ces fleurs font portées fur des pédoncules fimples, affez longs & grèles, difpofées en grappes feuillées, & munies de feuilles florales, de l'axe defquelles elles fortent. Les baies font ovales, de la groffeur d'un petit grain de grofeille, rougeâtres, molles, pleines de fuc, & d'un goût défagréable.

5. Vaccinium *liguftrinum*. Linn. Airelle à feuilles de troëne. *Privet-leaved Whortle-berry.*

Cet arbriffeau s'élève à la hauteur d'environ deux à trois pieds. Ses feuilles font petites & oblongues ; les fleurs font nues, ou dépourvues

de feuilles florales, difposées en grappes courtes, nombreufes, & fixées alternativement fur
les branches. Les baies font rondes, noires, &
d'un goût agréable.

6. VACCINIUM *flamineum*. LINN. Airelle à
étamines longues. *Long-leaved Vaccinium.*

Cet arbriffeau eft petit. Ses feuilles font oblongues, très-entières; les fleurs font axillaires,
folitaires, portées chacune fur un pédoncule filiforme : leur corolle eft campanulée, & à cinq
dents.
Nota. Les fleurs étamines font au nombre de
dix, & faillantes hors de la corolle.

** *Feuilles perfiftantes.*

7. VACCINIUM *hifpidulum*. LINN. Airelle de
marais. *Marsh Viccinium, or Cran-berry.*

Ce fous-arbriffeau croît naturellement dans
les marais couverts de mouffe. Ses tiges font
rampantes, minces, & garnies d'écailles foyeufes. Ses feuilles font ovales, un peu oblongues
& luifantes; les baies font groffes, rougeâtres,
& d'un goût acide piquant.

8. VACCINIUM *Penfylvanicum*. Airelle de
Penfylvanie. *Myrtle-leaved Vaccinium, or Cran-
berry.*

Les feuilles de ce petit arbriffeau font ovales
& terminées en pointe; les fleurs font blanches,
axillaires, & pendantes. Les baies font rouges
& petite..

Nota. Je n'ofe pas affurer que cette plante foit la même que celle que l'on démontre, fous ce nom, au Jardin du Roi.

Obf. La premiere efpèce eft nouvelle, & mérite de trouver place dans les jardins des curieux; elle fe plaît dans les terrains humides.

Culture. Ces arbriffeaux fe multiplient de marcotes, de drageons, & de graines, que l'on répand au printems, fur une terre légère, & à une fituation ombragée. Comme elles font fines, il faut peu les couvrir. Les arrofemens doivent être légers & fréquens : on peut les traiter d'ailleurs comme celles d'*Andromede* (voyez cet article).

VIBURNUM.

VIORNE.

Pliant Meally, or *Way-faring tree.*

Clafs. 5. Ordre 3. Pentandrie Trigynie.

Cᴀʟ. *Périanthe,* cinq divifions, fupérieur, très-petit, perfiftant.

Cor. monopétale, campanulée, cinq dents : *découpures* obtufes, réfléchies.

Etam. *filets,* cinq, en forme d'alêne, de la longueur de la corolle. *Anthères* arrondies.

Pift. *germe,* inférieur, arrondi. *Style* nul. On trouve à fa place, une glande en forme de poire. *Stigmate,* trois.

Per. *baie,* ovale, comprimée, à une loge.

Sem. Solitaire, offeufe, même forme que la baie.

1. VIBURNUM *acerifolium*. Viorne à feuilles d'érable. *Maple-leaved Viburnum.*

Arbriſſeau qui s'élève ordinairement à la hauteur de quatre à cinq pieds , dont le tronc droit & mince , eſt garni d'un petit nombre de branches oppoſées. Ses feuilles ſont preſque trilobées, dentées , un peu velues en leur ſurface inférieure , & portées ſur des pétioles ronds. Les fleurs ſont terminales, & diſpoſées en ombelles, compoſées , pour la plupart , de ſept rayons ; elles ſont blanches , & remplacées par des baies ovoïdes , comprimées, & noires lorſqu'elles ſont mûres.

2. VIBURNUM *dentatum* , an **VIBURNUM** *lantana Canadenſis.* H. R. P. Viorne à feuilles dentées. *Too-thed-leaved Viburnum.*

Cet arbriſſeau croît dans les lieux humides ; il pouſſe pluſieurs tiges droites , hautes de dix à douze pieds , & garnies de branches minces & oppoſées. Ses feuilles ſont oppoſées , arrondies où ovales , terminées en pointe, dentées en leurs bords , fortement veinées , & portées ſur des pétioles velus. Les fleurs ſont blanches , diſpoſées en manière d'ombelles à l'extrémité des rameaux , & aſſez ſemblables à celles du ſureau ; mais beaucoup plus petites. Il leur ſuccède des baies oblongues , & d'une couleur noire tirant ſur le bleu. Les naturels du pays ſe ſervent des jeunes rameaux de cet arbriſſeau pour faire des
flèches ,

flèches ; ce qui lui a fait donner le nom de *bois de flèche.*

3. VIBURNUM *prunifolium.* LINN. Viorne à feuilles de prunier. *Black haw.*

Cette espèce est, je pense, la même que notre *viorne* ordinaire à petites baies noires, dont les tiges sont roides, hautes d'environ dix à quinze pieds, & garnies d'un assez grand nombre de rameaux courts, forts, dirigés horisontalement, & opposés. L'écorce du tronc est noirâtre & rude ; celle des jeunes branches est lisse. Ses feuilles sont ovales-oblongues, glabres, finement dentées, & portées sur des pétioles cannelés. Les fleurs sont blanches, d'un aspect très-agréable, & disposées en ombelles terminales, composées de quatre rayons. Il leur succède des baies oblongues, ovales, comprimées & noires.

4. VIBURNUM *nudum.* LINN. Viorne nue. *Tinus leaved, or Swamp Viburnum.*

Cette espèce se trouve dans les lieux humides & les marais, où elle croît à la hauteur de dix à douze pieds. L'écorce des jeunes rameaux est lisse & purpurine. Les feuilles sont opposées, ovales-lancéolées, glabres, quelquéfois légèrement dentées, épaisses, & d'un vert luisant ; les fleurs sont disposées comme celles des autres espèces ; leurs baies ont presque la même forme & la même grosseur, & deviennent noires en mûrissant.

Obs. Je crois qu'on lui donne le nom de

R

viorne nue, parce que les ombelles de fleurs font dépourvues d'involucres.

5. Viburnum *lentago*. Linn. Viorne à man-chettes. *Canadian Viburnum.*

Cet arbriffeau s'élève à la hauteur de dix à douze pieds. Sa tige eft couverte d'une écorce brune, & garnie d'un grand nombre de branches. L'écorce des jeunes rameaux eft liffe & purpurine ; les feuilles font oppofées, ovales, légèrement dentées en fcie en leurs bords, glabres, & portées fur des pétioles courts & minces. La difpofition des fleurs, la forme & la groffeur des baies, ne diffèrent pas de celles des autres efpèces.

Obf. D'après les caraétères rapportés dans le *Species Plantarum*, Linn., cette efpèce devroit fe diftinguer par des pétioles ondulés en leurs bords.

6. Viburnum *alnifolium.* Viburnum *dentatum.* H. R. P. Viorne à feuilles d'aune. *Alder-leaved Viburnum.*

Cet arbriffeau fe trouve en Caroline & dans d'autres parties de l'Amérique. Sa tige s'élève à la hauteur de huit à dix pieds, & fe divife en plufieurs branches. Son écorce eft liffe & purpurine ; fes feuilles font oppofées, cordiformes, ovales, terminées en pointe, profondément dentées en fcie en leurs bords, fortement veinées, & portées fur des pétioles longs & minces. Les fleurs font difpofées en ombelles à l'extrémité des branches ; les fleurs mâles fe trouvent à la

circonférence de l'ombelle ; & les hermaphrodites , dans le centre. Les baies font affez groffes ,
ovales, & rouges dans leur maturité.

7. VIBURNUM *tribola* , an VIBURNUM *Canadenfe*. H. R. P. Viorne de Canada, *ou* Pimina
des Canadiens ? *Mountain Viburnum.*

Cet arbriffeau croît naturellement fur les
montagnes, dans l'intérieur de la Penfylvanie.
Ses tiges font minces , hautes de dix à douze
pieds. Ses feuilles reffemblent un peu à celles
de la rofe de gueldre, ou pélote de neige, *Viburnum opulus fterilis , H. R. P.* Elles font rétrécies
à la bafe , & fe terminent en trois lobes aigus ,
dont celui du milieu eft plus grand , plus
long , & quelquefois légèrement denté. Les
fleurs font comme celles des autres efpèces ; il
leur fuccède des baies rouges & paffablement
groffes.

Obf. On trouve en Amérique une autre efpèce
de *viorne* , dont les feuilles reffemblent un peu à
celles du *caffine*. Elle eft connue fous le nom de
Viburnum Caffinoïdes , LINN.

Culture. Les *viornes* fe multiplient de graines ,
de marcotes, & même de boutures. Les efpèces
rares fe greffent en éculfon fur la *viorne* de nos
bois ou coudre mancienne. Les marcotes fe font
au printems ou en automne , ordinairement en
pots , pour avoir la facilité de les enlever toutes
reprifes. Ces arbriffeaux fe plaifent dans les terrains légers & frais.

Les graines doivent être femées en automne,

d'abord après leur maturité ; mais comme la
plupart nous viennent d'Amérique , il ne sera
guères poffible de le faire avant le printems ;
alors la majeure partie ne levera que la feconde
année. Pendant cet intervalle , il ne faudra pas
négliger de les arrofer dans les tems fecs, & de
les tenir nettes des mauvaifes herbes.

VISCUM.

GUI.

Miffeltoe.

Claf. 22. Ordre 4. Dioécie Tétrandrie.

*F*LEURS *mâles.*
Cal. *Périanthe,* à quatre divifions : *folioles* ovales , égales,
Cor. nulle.
Etam. quatre. *Filets* nuls. *Anthères* oblongues , aiguës.
chacune d'elles unies à chaque foliole calicinale.
* Fleurs *femelles* , oppofées quelquefois aux mâles.
Cal. *périanthe,* quatre pièces : *folioles* ovales, petites , fef-
files , caduques , inférés au germe.
Cor. nulle.
Pift. *germe* , oblong , triangulaire , inférieur. *Limbe* cou-
ronné de quatre dents , peu marquées. *Style* nul.
Stigmate obtus , à peine échancré.
Per. *baie* , globuleufe , liffe , à une loge.
Sem. folitaire , en cœur , comprimée , obtufe , charnue.

1. **VISCUM** *rubrum.* Gui rouge. *Red berried
Miffeltoe.*

Cette plante parafite fe trouve fur les branches
des arbres. Ses tiges font minces , ligneufes,
hautes de quelques pouces , éparfes , & forment

buiſſon. Ses feuilles ſont lancéolées & obtuſes ; ſes fleurs ſont diſpoſées en épis ſur les côtés des rameaux. Aux fleurs femelles, il ſuccède des baies rouges, arrondies, contenant chacune une ſemence en cœur, comprimée, & couverte d'une ſubſtance groſſière & viſqueuſe.

2. VISCUM *purpureum*. LINN. Gui pourpre.
Purple-berried Miſſeltoe.

Cette eſpèce eſt auſſi paraſite. Ses feuilles ſont ovales, & rétrécies vers la baſe; les fleurs ſont diſpoſées en grappes ſur les côtés des rameaux. Les baies ont une couleur pourpre dans leur maturité.

On en trouve une variété, dont les feuilles jaunes reſſemblent à celles du buis. Ses baies ſont auſſi diſpoſées en grappes, & d'un blanc de neige lorſqu'elles ſont mûres.

Dans les Provinces de l'intérieur, on rencontre ordinairement le gui ſur le *nyſſa ſylvatica* ; mais, dans celles du ſud, on le trouve ſur les chênes. Cette plante eſt multipliée par les oiſeaux, qui ſe nourriſſent de ſes baies; la partie glutineuſe des graines fait qu'elles s'attachent à leurs becs, & qu'elles ſont ainſi tranſportées ſur les arbres voiſins où elles ſe fixent, germent, & produiſent des nouvelles plantes.

On ſe ſervoit autrefois de l'écorce du gui pour faire de la glu; mais on a trouvé, dit-on, du houx ordinaire, bien préférable pour cet uſage. Cette plante a été fort eſtimée pour les épilepſies.

Obſ. Quoique le gui puiſſe être ſemé & cultivé fur plufieurs arbres , cependant on voit que, fuivant le climat , il préfère quelques efpèces à d'autres , ainfi que M. Marshall nous le fait connoître.

Le gui d'Europe a été élevé avec fuccès fur le pommier , le faule , le peuplier , le pin , &c. Il a fallu feulement en placer les graines fur ces arbres.

VITIS.

VIGNE.

The Vine.

Claß. 5. Ordre 1. Pentandrie Monogynie.

Cal. *périanthe* , à cinq dents , très-petit.
Cor. *pétales* , cinq , rudes , petits , caduques.
Etam *filets* , cinq , en forme d'alêne , droits-ouverts , caduques. *Anthères* fimples.
Pift. *gèrme* , ovale. *Style* , nul. *Stigmate* en tête , obtus.
Per. *baie* , arrondie , grande , à une loge.
Sem. cinq , offeufes , en forme de poire cordiformes à une extrémité , & comprimées à l'autre , comme à deux loges.

1. VITIS *arborea*. LINN. Vigne en arbre. *Carolinian Vine , or Pepper-tree.*

Cette plante eft originaire de Caroline. Ses tiges font minces , ligneufes , grimpantes , & s'attachent , au moyen de leurs vrilles , à tous les corps voifins. Ses feuilles font deux fois aîlées; les folioles latérales font pinnées , & légèrement dentées. Les fleurs font blanches , petites,

axillaires , & difpofées en grappes lâches. Ses
baies font petites , & de couleur propre, lorfqu'elles font mûres.

2. VITIS *vinifera Americana.* Vigne d'Amérique
cultivée. *American grape Vine.*

Cette efpèce a plufieurs variétés, dont le tiges
fortes, grimpent fouvent fur les arbres , jufqu'à
la hauteur de trente à quarante pieds. Elles font
couvertes d'une écorce lâche & noirâtre. On
voit des tiges qui ont deux, trois , & même quatre
pouces de diamètre. Les feuilles font pour l'ordinaire cordiformes, à trois lobes, dentées, &
velues en leur furface inférieure. Les baies font
difpofées en grappe , ainfi que dans la vigne
d'Europe : elles tiennent le milieu pour la
groffeur , entre les grofeilles rouges & les grof-
feilles à maquerau. Elles font teintes d'une couleur un peu bleuâtre , & ont en général un goût
acide agréable.

3. VITIS *vulpina.* LINN. Vigne de renard. *Fox-
Grape-Vine.*

Cette efpèce reffemble beaucoup aux autres,
quant à fa manière de croître. Ses feuilles font
en général plus grandes, glabres , & blanchâtres
en-deffous. Les baies ont à-peu-près la groffeur
d'une cérife ordinaire ; leur odeur eft forte , &
approche un peu de celle du renard : ce qui lui
a fait donner le nom de *Vigne de renard.* On
trouve auffi des variétés de cette efpèce , dont

quelques-unes ont des fruits blanchâtres ou rougeâtres, généralement fort eſtimés ; d'autres ont
les fruits mûrs & plus gros.

4. VITIS *labruſca*. LINN. Vigne ſauvage. *Wild
American Vine*.

Ses tiges ſont comme celles des autres eſpèces. Ses feuilles ſont en général moins grandes,
& d'une texture plus mince. Les baies ſont
diſpoſées en grappes lâches, petites, & variées
pour la couleur : on en trouve quelques-unes de
rougeâtres ; d'autres, d'un noir brillant, & enfin
de bleuâtres. Toutes ont un goût âpre & déſa-
gréable.

5. VITIS *lacinioſa*. Vigne à feuilles laciniées.
Canadian Parsley-leaved Vine.

Ses tiges ne ſont pas différentes de celles des
autres eſpèces. Les feuilles ſont découpées en
pluſieurs ſegmens déliés, ainſi que celles du
perſil. Les baies ſont rondes, blanches, & diſpoſées en grappes lâches. Elles mûriſſent tard,
& ne ſont pas d'un bien bon goût.

Obſ. On trouve encore en Amérique, une
vigne à feuilles d'érable, que nous connoiſſons
ſous le nom de *vitis Virginenſis*. H. R. P.

Je n'oſe pas aſſurer que toutes les eſpèces décrites dans ce Catalogue, ſoient exactement
conformes à celles qu'on trouve dans le *Spec.
Plant, de M. Linné*. Cet Auteur n'indique point
le lieu natal de l'eſpèce, qu'il nomme *Vitis la-*

ciniosa. Peut-être est-elle originaire de l'Amérique septentrionale, & ne diffère-t-elle en rien de celle-ci. C'est ce que nous ne pourrons affirmer, que lorsque nous en aurons vu une description un peu plus étendue.

Culture. Il seroit facile de perpétuer les vignes par les semences ; mais les plants qui en proviendroient, ne rempliroient pas l'objet du cultivateur, qui est d'avoir du fruit d'une bonne qualité, & en très-peu de tems. On préfère avec raison la voie des marcotes & des boutures, ou *crocettes.* Dans quelques-unes de nos Provinces méridionales, on a de plus la ressource de la greffe. Cette opération se fait ordinairement dans le mois de Février; on rabat, le plus près de terre possible, le sujet dont on veut renouveller l'espèce, & on suit en tout le procédé de la greffe en fente.

ZANTHOXYLUM.

F A G A R A, Frêne Épineux.

The Tooth-ach Tree.

Class. 22. Ordre 5. Dioécie Pentandrie.

*F*leur *mâle.*
Cal. *périanthe,* à quatre divisions : *folioles* ovales, droites, colorées.
Cor. nulle.
Etam. *filets,* le plus souvent cinq, en forme d'alène, droits, plus longs que le calice. *Anthères* doubles, arrondies, sillonnées.

** Fleur femelle.*

Cal. comme dans le mâle.

Cor. nulle.

Pist. *germe*, arrondi, terminé en *Style* en forme d'alêne, plus long que le calice. *Stigmates* obtus.

Per. *capsule*, oblongue, à une loge, à deux valves.

Sem. solitaire, arrondie, lisse.

Obs. On trouve ordinairement cinq germes, souvent moins, portés sur des pédicules courts. Les capsules sont alors en nombre égal aux germes.

ZANTHOXYLUM *fraxinifolium.* ZANTHOXYLUM *clava herculis.* B. LINN. Fagara, Frêne épineux. *Ash leaved Tooth-ach Tree.*

Cet arbrisseau est originaire de la Pensylvanie & du Maryland. Sa tige est assez forte, haute d'environ dix à douze pieds, divisées en rameaux nombreux, recouverts d'une écorce purpurine, & armés de deux fortes épines à chaque bourgeon. Ses feuilles sont ailées, avec une impaire. Les folioles sont entières, oblongues, & sessiles sur un pétiole commun, garni de quelques piquans à sa partie inférieure. Les fleurs sont disposées sur la longueur des branches, & portées sur des pédoncules courts. A chaque fleur femelle, il succède pour l'ordinaire cinq capsules distinctes, ouvertes au sommet, ovales, & réunies à un réceptacle commun, par des pédicules courts. Chacune d'elles contient une semence lisse & arrondie.

On croit que la Caroline méridionale offre une autre espèce de *fagara*; peut être n'en est-ce qu'une variété : elle en diffère par ses folioles, qui sont lancéolées, dentées en scie & pétiolées.

L'écorce & les capſules ont un goût piquant : on les emploie pour ſoulager le mal de dents. Cette propriété lui a fait donner le nom d'*arbre au mal de dents*. On en recommande la décoction les rhumatiſmes.

Culture. Cet arbriſſeau ſe multiplie de drageons enracinés, de marcotes, mais principalement de graines, qu'il faut ſemer au printems, dans une terre légère, ou bien dans des pots, que l'on placera ſur une couche tiède, pour hâter leur végétation. On ne peut eſpérer d'avoir des grai-nes du *frêne épineux*, qu'autant qu'on rapprochera les deux individus. Il n'eſt pas délicat ſur la na-ture du terrain, & s'accommode aſſez bien d'un ſol médiocre. Il croît cependant mieux dans les terres humides, où, parvenu à une certaine groſſeur, il trace beaucoup.

ZANTHORHIZA (1).

Z A N T H O R H I Z É.

Shrubb Yellow Root.

Claſſe V.-X.-Andrie Polyginie.

*FLEUR terminale, le plus ſouvent ſtérile, quelque-fois hermaphrodite-mâle.

---

(1) La deſcription de cet arbriſſeau ſe trouve dans la quatrième Décade que vient de publier tout récemment M. l'Héritier : elle eſt faite avec le ſoin & l'exactitude qui diſtinguent l'ouvrage précieux qu'il a entrepris. C'eſt d'après cet auteur, que j'en donne ici la tra-

*B*ractée linéaire , aiguë , accompagne chaque fleur , &
chacune des grappes partielles.

Périanthe , nul.

Pétales , cinq , inférés au réceptacle, ovales, pointus,
..... à la bafe.

Nectaire , cinq, petits corps inférés au réceptacle, entre
la corolle & les étamines, alternes aux pétales , portés
fur un pivot , arrondis en forme de coin , tronqués ,
diftincts à la bafe par une zône un peu faillante , très-
ouverts , plus courts que la corolle , & de la même
longueur.

Etam. *filets* , 5 , 6 , 7 , 8 , 10 , inférés au réceptacle , en
forme d'alêne , très-courts, à peine ouverts , quelques-
uns alternes au nectaire. *Anthères* arrondies , à deux
loges , droites , jaunes.

Pift. *germes*, 4, 5, 6, 7, 8, 9, & davantage, supérieurs, un
peu allongés , droits. *Styles* , en forme d'alêne , droits,
de la longueur du nectaire. *Stigmates* aigus.

Per. *capsules* , nombreufes , autant qu'il y avoit de germes , raffemblées en petites têtes , renflées , oblongues , comprimées , un peu obtufes , retenant le ftyle
au milieu du dos , membraneufes , pubefcentes , à une
loge , demi bivalves , s'ouvrant par le haut , longues
de deux lignes, larges d'une ligne.

Sem. une , oblongue , comprimée , petite , glabre , fixée
au fommet de la capfule , penchée.

Caractère effentiel.

Calice , nul. *Pétales* , cinq. *Nectaire* , cinq pièces , pédi-
culé. *Filets* , 5-10 , inférés au réceptacle. *Germes*
fupérieurs , nombreux. *Capfules* , même nombre , mo-
nofpermes.

---

duction. Ce n'eft pas que les caractères que rapporte M. Marshall de
cet arbriffeau , n'euffent été fuffifans pour le faire connoître ; mais j'ai
penfé qu'une recherche plus fcrupuleufe , & plus de détails fur un
végétal encore rare , pourroient plaire à nos lecteurs.

X

Zanthorhiza *simpliciſſima.* Marshall. Zanthorhiza *apiifolia.* L'Héritier. *Stirp. Faſc.* 4. *p.* 79. *t.* 38. Zanthorhize à feuilles de perſil. *Shrubb Yellow Root.*

Arbriſſeau de deux ou trois pieds. Sa racine eſt ligneuſe, porte des rameaux, & eſt traçante : elle a une couleur jaune, intérieurement ſafranée, légèrement odorante. De cette racine, s'élève un grand nombre de tiges droites, dont les ramifications ſont peu feaſibles. Les rameaux en ſont alternes, cylindriques, de couleur cendrée, portans des anneaux ; le *liber* eſt jaune. Les bourgeons des jeunes rameaux ont des involucres oblongs, pointus, qui perſiſtent quelque tems. Les feuilles ſont alternes, pétiolées, pinnées avec une impaire, deux à deux, ouvertes. Leur longueur, y compris le pétiole, eſt de cinq à ſix pouces ; leur largeur eſt de trois. Elles ont des folioles oppoſées, feſſiles (la foliole terminale eſt ordinairement pétiolée & plus grande), lancéolées, aiguës, découpées profondément, glabres, d'un vert clair ſur les deux ſurfaces, ouvertes, longues d'un pouce & demi, ſur un pouce de largeur, avec des pétioles cylindriques, plânes en-deſſus, élargis à la baſe, amplexicaules. Les fleurs ſont diſpoſées en grappes, qui prennent naiſſance ſur le bourgeon terminal : elles s'ouvrent depuis le commencement, & preſque juſqu'après le développement des feuilles. Des grappes partielles-alternes compoſent la grappe générale : elle eſt d'abord droite, en-

fuite penchée , couverte de duvet, bracteifere,
d'un rouge de fang , longue de quatre à fix
pouces. Les grappes partielles font compofées
de pédoncules, qui portent deux ou trois fleurs;
les fleurs latérales font tardives & plus petites:
toutes font pédonculées , droites, d'un pourpre
obfcur , & larges de trois à quatre lignes. La
fleur terminale , fi je ne me trompe , porte des
étamines , dont le nombre furpaffe celui des
germes ; le contraire a lieu dans les fleurs latérales.

Cet arbriffeau eft indigène de la Géorgie,
felon Bartram ; on le trouve auffi en Caroline.

J'en ai reçu , depuis peu , des graines de
l'Amérique feptentrionale , qui germent rarement. Il croît en plein air, & fleurit au commencement du printems ; mais les fleurs font
expofées à être endommagées par le froid ;
ce qui les empêche le plus fouvent de porter
du fruit. Il paroîtroit propre à la teinture,
à en juger par fa racine & le bois , qui font
très-jaunes. Cet ufage n'eft point encore affez
conftaté.

Il eft rare que l'on trouve des étamines ,
quoiqu'il ait quelque affinité avec des plantes
de la polyandrie , telles que l'*ifopyrum* , &
d'autres.

Si lon n'avoit égard au nombre des parties, on
trouveroit à peine quelques rapports entre le
zanthorhiza & le *zantoxilum*, malgré que les jar-
diniers n'en aient fait qu'un genre jufqu'aujour-
d'hui. Le *zanthorhiza* en differe par la ftructure

de la capsule, ainsi que par des fleurs hermaphrodites , sans polygames.

Culture. Cet arbrisseau paroît se plaire à une
exposition ombragée , dans une terre humide &
légère. On pourra le multiplier de drageons enracinés. Ses grappes doivent être semées dans le
terreau de bruyere.

FIN.

T A B L E

des noms Latins génériques.

ACER.
Æsculus.
Amorpha.
Andromeda.
Annona.
Aralia.
Arbutus.
Aristolochia.
Ascyrum.
Azalea.
Baccharis.
Berberis.
Betula.
Bignonia.
Callicarpa.
Calycanthus.
Carpinus.
Cassine.
Ceanothus.
Celastrus.
Celtis.
Cephalanthus.
Cercis.
Chionanthus.
Clethra.
Cornus.
Corylus.
Cupressus.
Diospiros.
Dirca.
Epigea.
Evonimus.
Fagus.
Fothergilla.

Franklinia.
Fraxinus.
Gaultheria.
Gleditschia.
Glycine.
Guilandina.
Halesia.
Hamamelis.
Hedera.
Hippophaë.
Hopea.
Hydrangea.
Hypericum.
Ilex.
Itea.
Juglans.
Juniperus.
Kalmia.
Laurus.
Ledum.
Liquidambar.
Liriodendrum.
Lonicera.
Magnolia.
Menispermum.
Mespilus.
Mitchella.
Morus.
Myrica.
Nyssa.
Olea.
Philadelphus.
Pinus.
Platanus.

Populus.
Potentilla.
Prinos.
Prunus.
Ptelea.
Pyrola.
Pyrus.
Quercus.
Rhododendrum.
Rhus.
Ribes.
Robinia.
Rosa.
Rubus.
Salix.
Sambucus.
Smilax.
Sorbus.
Spiræa.
Staphylea.
Stewartia.
Styrax.
Taxus.
Thuya.
Tilia.
Tillandsia.
Ulmus.
Vaccinium.
Viburnum.
Viscum.
Vitis.
Zantoxilum.
Zanthorhiza.

TABLE

TABLE

des noms François.

S

TABLE

des noms Anglois.

A

S iv

F I N des Tables.

APPROBATION.

J'AI lu par ordre de Monseigneur le Garde des Sceaux, un manuscrit ayant pour titre : *Catalogue descriptif des Arbres & Arbrisseaux de l'Amérique Septentrionale* , traduit de l'Anglois , par **M.** Lezermes , Directeur Adjoint des Pépinieres de Sa Majesté ; & il m'a paru que cet Ouvrage ne pouvoit qu'être fort utile & agréable à tous les amateurs de cette partie de la Botanique. A Versailles , le Avril 1788.

MONTUCLA , Censeur Royal.

PRIVILEGE.

LOUIS, PAR LA GRACE DE DIEU, ROI DE FRANCE ET DE NAVARRE; à nos amés & féaux Conseillers les Gens tenans nos Cours de Parlement, Maîtres des Requêtes ordinaires de notre Hôtel, Grand-Conseil, Prévôt de Paris, Baillifs, Sénéchaux , leurs Lieutenans-Civils, & autres nos Justiciers qu'il appartiendra: SALUT. Notre amé le Sieur CUCHET, Libraire à Paris, Nous a fait exposer qu'il desireroit faire imprimer & donner au Public *le Catalogue descriptif des Arbres & Arbustes de l'Amérique Septentrionale* , traduit de l'Anglois , par M. *Lezermes* , s'il Nous plaisoit lui accorder nos Lettres de Privilege à ce nécessaires. A CES CAUSES, voulant favorablement traiter l'Exposant, nous lui avons permis & permettrons par ces présentes de faire imprimer ledit Ouvrage autant de fois que bon lui semblera, & de le vendre, faire vendre & débiter par tout notre Royaume, pendant le tems de cinq années consécutives, à compter de la date des présentes. FAISONS défenses à tous Imprimeurs , Libraires & autres personnes, de quelque qualité & condition qu'elles soient, d'en introduire d'impression étrangere dans aucun lieu de notre obéissance ; à la charge que ces Présentes seront enregistrées tout au long sur le Registre de la Communauté des Imprimeurs & Libraires de Paris , dans trois mois de date d'icelles ; que l'impression dudit Ouvrage sera faite dans notre Royaume , & non ailleurs , en bon papier & beaux caracteres; que l'Impétrant se conformera en tout aux Réglemens de la Librairie , & notamment à celui du 10 Avril 1725 , & à l'Arrêt de notre Conseil du 30 Août 1777 , à peine de déchéance de la présente Permission ; qu'avant de l'exposer en vente, le Manuscrit qui aura servi de copie à l'impression dudit Ouvrage sera remis dans le même état où l'Approbation y aura été donnée, ès mains de notre très-cher & féal Chevalier, Garde des Sceaux de France, le Sieur DE LAMOIGNON, Commandeur de nos Ordres; qu'il en sera ensuite remis deux Exemplaires dans notre Bibliotheque publique, un dans celle de notre Château du Louvre , un dans celle de

notre très-cher & féal Chevalier, Chancelier de France, le Sieur DE
MAUPEOU, & un dans celle dudit Sieur DE LAMOIGNGN; le tout à peine
de nullité d'icelles ; du contenu desquelles vous mandons & en-
joignons de faire jouir ledit Exposant & ses ayant cause pleinement
& paisiblement, sans souffrir qu'il leur soit fait aucun trouble ou em-
pêchement. VOULONS que la copie des Présentes , qui sera impri-
mée tout au long au commencement ou à la fin dudit Ouvrage, foi
soit ajoutée comme à l'original. COMMANDONS au premier notre
Huissier ou Sergent sur ce requis , de faire, pour l'exécution d'icelles ,
tous actes requis & nécessaires , sans demander autre permission ,
& nonobstant clameur de Haro, Charte Normande, & Lettres à ce
contraires Car tel est notre plaisir. Donné à Paris, le deuxieme
jour du mois de Juillet, l'an de grace mil sept cent quatre-vingt-huit,
& de notre Regne le quinzieme.
Par le Roi en son Conseil.

LE BEGUE.

*Registré sur le Registre XXII de la Chambre Royale & Syndicale
des Libraires & Imprimeurs de Paris , N°. 1603, fol. 586 , confor-
mément aux dispositions énoncées dans la présente Permission, & à la charge
de remettre à ladite Chambre les neuf Exemplaires prescrits par l'Arrêt du
Conseil du 16 Avril 1785 A Paris, ce 16 Avril 1781.*

GAILLEAU, *Adjoint.*

De l'Imprimerie de LAPORTE , rue des Noyers.

www.ingramcontent.com/pod-product-compliance
Ingram Content Group UK Ltd.
Pitfield, Milton Keynes, MK11 3LW, UK
UKHW022103120726
13694UKWH00001B/309